Sammlung Göschen

Theoretische Physik

V

Wärmestrahlung
Elektronik und Atomphysik

Von

Dr. Gustav Jäger
Professor der Physik an der Universität in Wien

Mit 16 Figuren

Vierte, umgearbeitete und vermehrte Auflage

Berlin und Leipzig
Walter de Gruyter & Co.
vormals G. J. Göschen'sche Verlagshandlung - J. Guttentag, Verlagsbuchhandlung - Georg Reimer - Karl J. Trübner - Veit & Comp.
1930

Druck von Metzger & Wittig in Leipzig.

Inhalt.

Atomphysik.

Lehrbücher zur Wärmestrahlung, Elektronik und Atomphysik.

A. Haas, Einführung in die theoretische Physik. 3. u. 4. Aufl. Berlin und Leipzig 1923/24.

A. Haas, Materiewellen und Quantenmechanik. Leipzig 1928.

Mache, Einführung in die Theorie der Wärme. Berlin und Leipzig 1924.

Planck, Vorlesungen über die Theorie der Wärmestrahlung. Leipzig 1923.

Riecke, Lehrbuch der Physik. Berlin und Leipzig 1928.

Sommerfeld, Atombau und Spektrallinien. Braunschweig 1924.

Wärmestrahlung.

§ 1. Strahlen der Wärme — Prevosts Theorie.

Haben zwei benachbarte Körper verschiedene Temperatur, so geht immer von selbst die Wärme vom Körper höherer zu jenem tieferer Temperatur über, bis beide Körper dieselbe Temperatur besitzen. Dieser Temperaturausgleich wird durch Leitung und Strahlung der Wärme besorgt. In letzterem Falle haben wir anzunehmen, daß der höher temperierte Körper imstande ist, seinen Wärmeinhalt in eine andere Energieform, nämlich strahlende Energie, umzuwandeln und als solche auszusenden. Der Körper niedrigerer Temperatur hat hingegen die Fähigkeit, die Energie der ihn treffenden Strahlung aufzunehmen und dadurch seinen Wärmeinhalt, mithin auch seine Temperatur zu erhöhen.

Haben wir einen dritten Körper, dessen Temperatur noch tiefer ist als jene des kälteren der von uns betrachteten zwei Körper, so wird der kältere Körper gegenüber dem dritten als wärmer erscheinen und ebenfalls strahlende Energie aussenden. Der Körper mittlerer Temperatur nimmt also Strahlen auf und sendet gleichzeitig Strahlen aus. Das führt uns zu der Anschauung, welche zuerst von Prevost geäußert wurde, daß jeder Körper ohne Rücksicht auf die Temperatur seiner Umgebung Wärme ausstrahlt. Die in der Sekunde ausgestrahlte Wärmemenge ist um so größer, je höher die Temperatur des Körpers ist und von der Temperatur der Umgebung völlig unabhängig. Besitzt ein benachbarter Körper höhere Temperatur, so strahlt er dem ersten mehr Wärme zu, als er von diesem empfängt. Bei gleicher Temperatur strahlen die Körper einander gleichviel Wärme zu, so daß das Temperaturgleichgewicht nicht gestört wird.

Die Wärmestrahlen haben ihr akustisches Analogon in den Schallstrahlen (Bd. II, §§ 3—8). Auch die Wärmestrahlung fassen wir als Wellenbewegung auf, ähnlich der Wellenbewegung der Töne. Wir sprechen von Fortpflanzungsgeschwindigkeit, Wellenlänge, Schwingungszahl, Reflexion usw. Bekanntlich sind gleichartig ihrer Natur nach mit den Wärmestrahlen und nur durch die Wellenlänge oder Schwingungszahl voneinander unterschieden alle „elektromagnetischen Strahlen" von den Strahlen größter Wellenlänge z. B. jenen der Radiosender angefangen über die Wärme-, Licht-, ultravioletten Strahlen bis zu den kurzwelligsten Röntgenstrahlen und den γ-Strahlen radioaktiver Substanzen. Nur von Strahlen dieser Art, oder kurz gesagt, nur von der „thermischen Strahlung" ist im folgenden die Rede.

§ 2. Absorption — Emission — Hohlraumstrahlung.

Fallen auf einen Körper Strahlen auf, so werden sie zum Teil reflektiert, zum Teil hindurchgelassen, zum Teil vom Körper aufgenommen. Die Energie dieses letzten Teils der Strahlung setzt sich im Körper in Wärmeenergie um, vermehrt den Wärmeinhalt des Körpers und erhöht dessen Temperatur. Diese Umwandlung strahlender Energie in Wärme nennen wir Absorption der Strahlung. Die Absorption und die Emission, die Ausstrahlung der Wärme, ermöglichen überhaupt die Umformung der Wärme in strahlende Energie und umgekehrt.

Befindet sich ein Körper auf der Temperatur seiner Umgebung, so strahlt er nach Prevost in der Sekunde ebensoviel Wärme aus, als ihm zugestrahlt wird. Unter Umgebung des betrachteten Körpers verstehen wir dabei alle Körper, welche von den Strahlen unseres Körpers getroffen werden können. Wir wollen noch voraussetzen, daß tatsächlich jeder ausgesandte Strahl, mag er auch noch so oft von den Körpern der Umgebung reflektiert und durchgelassen werden, schließlich doch von diesen gänzlich absorbiert wird, daß also alle ausgesandten Strahlen bis zu ihrer gänzlichen Umwandlung in Wärmeenergie nur endliche Wege zurücklegen können. Damit ist ein endlicher Raum gekennzeichnet, über welchen die von unserem Körper ausgesandten Strahlen nicht hinausgelangen. Wir wollen einen solchen Raum einen „Hohlraum" und die darin stattfindenden Strahlungsvorgänge kurz „Hohlraumstrahlung" nennen. Unser Hohlraum muß also nicht ein allseits geschlossener Raum im gewöhnlichen Sinne sein.

Auch für den Wärmeaustausch durch Strahlung müssen die Sätze der mechanischen Wärmetheorie ihre Geltung haben, da die Erfahrung gezeigt hat, daß Körper, die bezüglich der Wärmeleitung im Gleichgewicht, es auch immer in bezug auf die Strahlung sind.

Unseren Körper treffen Strahlen von allen Seiten der Umgebung. Hat er dieselbe Temperatur wie die Körper seiner Umgebung, so muß er nicht nur ebensoviel Energie, als ihn trifft, wieder aussenden, sondern er muß auch nach einer bestimmten Richtung ebensoviel senden, als er aus derselben empfängt. Nach unserer früheren Annahme soll aber die Art der Ausstrahlung von Energie nur von dem betreffenden Körper selbst abhängig sein und unabhängig von der Umgebung. Das zwingt uns zu dem Schluß, daß, wie immer die Umgebung gestaltet sein mag, die Strahlung im Hohlraum immer dieselbe sein muß, sobald nur alle

Körper dieselbe Temperatur besitzen und wenigstens zum Teil fähig sind, alle möglichen Strahlen, d. h. Strahlen aller möglichen Wellenlängen, auszusenden. Bei der Hohlraumstrahlung sind die Strahlen nach allen Richtungen des Raumes sowohl ihrer Wellenlänge als ihrer Intensität nach gleichmäßig verteilt.

§ 3. Vollkommen schwarzer Körper — Lamberts Gesetz.

Ein Körper muß alle Strahlen, die ihn treffen, teils reflektieren, teils durchlassen, teils absorbieren. Wir können uns nun einen Körper denken, welcher gar nichts reflektiert und gar nichts durchläßt, sondern sämtliche Strahlen absorbiert. Einen solchen nennen wir einen vollkommen schwarzen Körper. Lampenruß und Platinschwarz zeigen mit großer Annäherung ein derartiges Verhalten.

Da auch ein vollkommen schwarzer Körper bei vorhandenem Temperaturgleichgewicht nach jeder Richtung ebensoviel Energie aussenden muß, als er empfängt, so läßt sich leicht die Abhängigkeit der Strahlung vom Emissionswinkel feststellen. Unter dem Emissionswinkel wollen wir jenen Winkel verstehen, den der von einem Oberflächenelement des Körpers ausgehende Strahl mit dem Lot zum Flächenelement einschließt.

Da nun die in einer bestimmten Zeit aus einer bestimmten Richtung kommende absorbierte Energie proportional dem Kosinus des Einfallswinkels ist (Bd. IV, § 1), so muß auch die ausgestrahlte Energie eines vollkommen schwarzen Körpers proportional dem Kosinus des Emissionswinkels sein. Dieses Gesetz wurde zuerst von Lambert ausgesprochen und durch den Versuch bestätigt. So erscheint uns die Sonne als eine leuchtende Scheibe, die in allen ihren Punkten gleich hell ist, was unmittelbar aus dem Lambertschen Gesetz folgt.

§ 4. Kirchhoffs Strahlungsgesetz — Energieverteilung der Hohlraumstrahlung.

Die Energie, welche ein vollkommen schwarzer Körper von jedem Quadratzentimeter seiner Oberfläche in der Sekunde bei einer bestimmten Temperatur aussendet, wollen wir mit E bezeichnen. Denken wir uns nun einen beliebigen Körper von der Oberfläche O im Temperaturgleichgewicht mit der Umgebung, so wird ihm nach § 2 in der Sekunde die Energie OE zugestrahlt. Von derselben wird er einen Teil reflektieren, einen Teil eventuell durchlassen und einen Teil absorbieren. Letzterer sei $a\,OE$, a ist also ein echter Bruch, es ist das Absorptionsvermögen des betreffenden Körpers. Während somit der Körper von der Energie OE die Menge $OE - a\,OE$ reflektiert und durchläßt, muß er die Menge $a\,OE$ ausstrahlen, da ja sonst das Wärmegleichgewicht gestört würde, was gegen den zweiten Hauptsatz der mechanischen Wärmetheorie (Bd. II, § 42) verstoßen würde. Nennen wir die durch die Einheit der Oberfläche ausgestrahlte Wärmemenge e, so ist die Gesamtstrahlung $O\,e$. Dieselbe muß gleich $a\,OE$, oder es muß

$$e = a\,E$$

sein. Diese von Kirchhoff gefundene Beziehung sagt aus, daß das Emissionsvermögen eines beliebigen Körpers gleich seinem Absorptionsvermögen multipliziert mit dem Emissionsvermögen eines vollkommen schwarzen Körpers ist, oder wir können kurz sagen: Das Verhältnis zwischen Emission und Absorption eines jeden Körpers ist gleich der Emission des vollkommen schwarzen Körpers. Da wir unter dem Emissionsvermögen oder kurz der Emission eines vollkommen schwarzen Körpers die Energie verstehen, welche er per Quadratzentimeter der Oberfläche in der Sekunde ausstrahlt, diese aber gleich der von der gleich temperierten Umgebung unter gleichen Umständen zugestrahlten Energiemenge E ist, so ist das Emissionsvermögen eines beliebigen Körpers demnach nichts anderes als die Energiemenge, welche er in der Sekunde durch die Oberflächeneinheit ausstrahlt.

Das Kirchhoffsche Strahlungsgesetz gilt nun nicht allein für die Gesamtmenge der Energie, welche ein Körper emittiert, sondern für jede einzelne Strahlengattung. Folgende Überlegung soll dies klarmachen. Durch eine Platte PP (Fig. 1) und eine darüber befindliche Glocke G kann ein

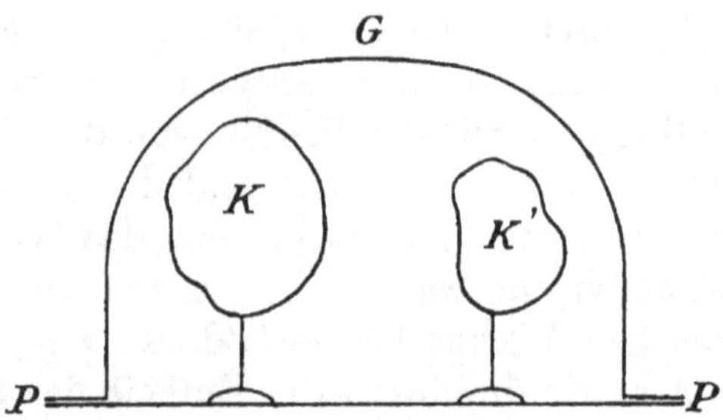

Fig. 1.

geschlossener Raum hergestellt werden, welcher vollkommen spiegelt. Wir denken uns die Glocke erst abgehoben und alles im Wärmegleichgewicht mit der Umgebung. Setzen wir die Glocke auf, so befindet sich in ihr Hohlraumstrahlung von ganz bestimmter Zusammensetzung, d. h. jede vorhandene Strahlengattung bestimmter Wellenlänge besitzt eine ganz bestimmte Energiemenge. Wir denken uns jetzt einen Körper K, der gegen Wärmeleitung isoliert ist. Dieser Körper habe die Eigenschaft, daß er nur eine bestimmte Strahlenart a aussendet und nur eine andere Art b absorbiert. Er befinde sich mit der Umgebung im thermischen Gleichgewicht. Es muß also die ausgestrahlte Wärmemenge gleich der in derselben Zeit absorbierten sein.

Bringen wir diesen Körper unter die Glocke, so muß er im Hohlraum die Energie der a-Strahlen vermehren, die der b-Strahlen vermindern. Die b-Strahlen werden also aufgezehrt werden, und der Körper kann dann nur noch Wärme ausstrahlen, aber nichts mehr absorbieren. Er muß sich immer mehr abkühlen. Bringen wir noch einen zweiten Körper K' unter die Glocke, der ebenfalls ursprünglich im thermischen Gleichgewicht war, aber nur a-Strahlen aussenden und absorbieren kann, so wird er für die gegebene Temperatur in der Sekunde eine ganz bestimmte Wärmemenge absorbieren und natürlich genau dieselbe Menge ausstrahlen. Es wächst die Energie der a-Strahlen im Hohlraum unter dem Einfluß des Körpers K. Infolgedessen muß der Körper K' mehr Wärme absorbieren, d. h. seine Temperatur erhöhen. Wir hätten also vor uns die gegen jede Erfahrung, nämlich gegen den Entropiesatz (Bd. II, § 42), sprechende Erscheinung, daß zwischen zwei ursprünglich mit der Umgebung im thermischen Gleichgewicht befindliche Körper von selbst eine Temperaturdifferenz entsteht. Dieser Widerspruch tritt jedoch nicht ein, wenn jeder Körper im thermischen Gleichgewicht nur jene Strahlenart absorbiert, welche er auch aussendet. Damit ist die Gültigkeit des Kirchhoffschen Gesetzes für jede einzelne Strahlenart erwiesen.

Wir können nun auch ohne weiteres nachweisen, daß für eine bestimmte Temperatur die Hohlraumstrahlung nur nach einer Art aus den verschiedenen Strahlengattungen zusammengesetzt sein kann. Der Körper K' kann nämlich nur im thermischen Gleichgewicht sein, wenn die Hohlraumstrahlung ebensoviel an a-Strahlung ihm zusendet, als er selbst ausstrahlt. Dies ist aber nur möglich, wenn bei derselben Temperatur im selben Raum auch immer dieselbe Energiemenge an a-Strahlen vorhanden ist. Was aber für diese eine Strahlengattung gilt, läßt sich für jede beweisen, woraus unsere obige Behauptung folgt.

§ 5. Folgerungen aus dem Kirchhoffschen Gesetz.

Nach Draper beginnen alle Körper mit wachsender Temperatursteigerung bei etwa 525° C rot zu glühen. Da die meisten Körper fast alle sie treffenden Strahlen teilweise absorbieren, so müssen sie auch dieselben Strahlen aussenden, sobald es der vollkommen schwarze Körper tut. Da letzterer nun bei 525° Rotglut, bei 1000° Gelbglut, bei 1200° Weißglut zeigt, so tun dies auch die anderen Körper, nur natürlich in verschiedener Intensität. Glas, welches wenig Licht absorbiert, sendet auch wenig aus; ebenso blanke Metallflächen, wie man leicht bei einem Platinblech sieht, auf das man einen Tintenfleck macht. Bringt man dieses in den Bunsenbrenner, so leuchtet bei der Glut der Tintenfleck heller als das blanke Platin.

Die wichtigste Folgerung hat Kirchhoff jedoch für die Spektralanalyse gemacht, indem aus seinem Gesetz sofort folgt, daß die hellen Linien des Emissionsspektrums mit den dunklen des Absorptionsspektrums einer Flamme identisch sein müssen.

Es hat Kirchhoff auch gezeigt, daß glühender Turmalin, welcher linear polarisiertes Licht in verschiedenen Schwingungsrichtungen verschieden stark absorbiert, tatsächlich teilweise polarisiertes Licht aussendet.

§ 6. Energie der Wellenbewegung — Energiedichte der Strahlung.

Treffen thermische Strahlen auf einen Körper, der sie teilweise absorbiert, so werden sie in Wärmeenergie umgewandelt. Die Strahlung ist also selbst ein Energieträger. In der Volumeinheit eines Wellenzuges befindet sich eine bestimmte Energiemenge E, die wir die Energiedichte nennen wollen. Hat die schwingende Bewegung eine bestimmte Amplitude A und die Schwingungsdauer τ, so ist die Geschwindigkeit der Änderung des Zustands verkehrt proportional τ. Dem Quadrat dieser Geschwindigkeit setzen wir die Energie proportional. Folglich ist E proportional $\frac{1}{\tau^2}$. Ist die Fortpflanzungsgeschwindigkeit der Wellen c, so ist $\lambda = c\,\tau$ oder $\tau^2 = \frac{\lambda^2}{c^2}$. Folglich ist die Energiedichte E proportional $\frac{c^2}{\lambda^2}$ oder

$$E = \frac{k}{\lambda^2},$$

wenn wir alles Konstante in dem Buchstaben k zusammenfassen. Auf ein bestimmtes Medium, etwa den Lichtäther bezogen, ist also die Energiedichte dem Quadrat der Wellenlänge verkehrt proportional.

Dies können wir direkt auf die Energiedichte in irgendeinem Elemente eines durchstrahlten Raumes übertragen. Wir brauchen nur die Werte des E für sämtliche Wellen zu addieren, welche zu einer gegebenen Zeit das Raumelement passieren, und durch dessen Volumen zu dividieren. Daraus folgt, daß die Energiedichte der Hohlraumstrahlung (§ 4) lediglich eine Funktion der Temperatur ist.

§ 7. Strahlungsdruck.

Maxwell folgerte aus seiner Elektrizitätstheorie, daß elektromagnetische Wellen, welche auf einen Körper auffallen, auf diesen einen Druck, den Strahlungs- oder Lichtdruck, ausüben. Wir wollen den Versuch machen, den Druck des Lichtes zu berechnen, den es auf einen Spiegel ausübt, von dem es vollkommen reflektiert wird.

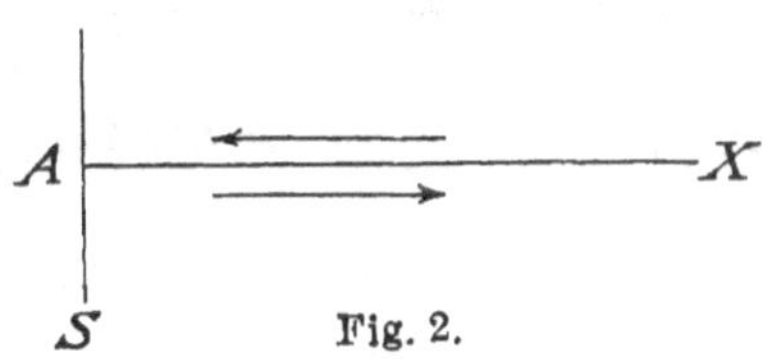

Fig. 2.

Denken wir uns vorerst einen Wellenzug, der einen Spiegel S (Fig. 2) senkrecht trifft. Wir wissen, daß am

Spiegel bei der vollkommenen Reflexion ein Schwingungsknoten sein muß (Bd. II, §6). Die Elongationen der daselbst auftreffenden und ausgehenden Wellen müssen also zusammen immer gleich Null sein. Dies wird erfüllt, wenn wir zum einfallenden Wellenzug

$$A \cos 2\pi \left(\frac{t}{\tau} + \frac{x}{\lambda}\right),$$

der also entgegengesetzt der Richtung der x-Achse (Fig. 2) geht, einen zweiten

$$-A \cos 2\pi \left(\frac{t}{\tau} - \frac{x}{\lambda}\right),$$

der in der Richtung der x-Achse geht, hinzufügen. Der zweite ist sodann der reflektierte Wellenzug. Die Summe beider ist für $x = 0$ tatsächlich immer gleich Null.

Nehmen wir nun an, der Spiegel S bewege sich in der Richtung der x-Achse mit der Geschwindigkeit v, und halten wir die Bedingung fest, daß am Spiegel immer ein Schwingungsknoten des Lichtes sein muß, so werden wir dieser Bedingung durch zwei Wellenzüge genügen, deren einer fürs einfallende Licht durch

$$A \cos 2\pi \left(\frac{t}{\tau} + \frac{x}{\lambda}\right),$$

jener fürs reflektierte durch

$$-A' \cos 2\pi \left(\frac{t}{\tau'} - \frac{x}{\lambda'}\right)$$

dargestellt werden kann. Die Lage des Spiegels ist nach unserer Annahme durch

$$x = v\,t$$

gegeben. Für dieses x muß aber die Summe beider Wellen

immer gleich Null sein. Wir erhalten also

$$A \cos 2\pi \left(\frac{t}{\tau} + \frac{v t}{\lambda}\right) - A' \cos 2\pi \left(\frac{t}{\tau'} - \frac{v t}{\lambda'}\right) = 0 .$$

Diese Möglichkeit ist aber wiederum nur denkbar, wenn

$$A = A'$$

ist, d. h. die einfallende und die reflektierte Welle haben dieselbe Amplitude. Ferner muß

$$\frac{t}{\tau} + \frac{v t}{\lambda} = \frac{t}{\tau'} - \frac{v t}{\lambda'}$$

sein. Dies läßt sich leicht umformen in

$$\frac{1}{\lambda}\left(\frac{\lambda}{\tau} + v\right) = \frac{1}{\lambda'}\left(\frac{\lambda'}{\tau'} - v\right).$$

Nun ist aber $\frac{\lambda}{\tau} = \frac{\lambda'}{\tau'} = c$, die Fortpflanzungsgeschwindigkeit der Welle, folglich

$$\frac{1}{\lambda}(c + v) = \frac{1}{\lambda'}(c - v) ,$$

woraus sich schließlich ergibt

$$\frac{\lambda}{\lambda'} = \frac{c + v}{c - v}.$$

Übt das auffallende Licht auf den Spiegel von der Größe f einen Druck p aus, so müssen wir bei der Bewegung des Spiegels eine Arbeit leisten, welche in der Zeiteinheit $f p v$ beträgt. Diese Arbeit wird sich in der Vermehrung der Energie äußern, welche wir dem reflektierten Wellenzuge in der Zeiteinheit übermitteln.

Wir wollen jetzt c als die Lichtgeschwindigkeit ansehen. Unseren Spiegel trifft, falls er ruht, in der Sekunde sämtliche Energie, welche in dem Raum $f c$ enthalten ist. Bewegt sich aber der Spiegel dem Lichtstrahl mit der Geschwindigkeit v entgegen, so kommt zu dem Raum $f\,c$ noch der Raum $f\,v$, welcher in der Zeiteinheit vom Spiegel bestrichen wird. Ist demnach die Dichte der Energie des auffallenden Lichtes E, so empfängt unser Spiegel in der Zeiteinheit die Energie $fE\,(c+v)$. Das reflektierte Licht wird sich vom bewegten Spiegel um die Geschwindigkeit v langsamer entfernen als vom ruhenden, da sich der Spiegel und das reflektierte Licht in derselben Richtung bewegen. Das in der Sekunde reflektierte Licht befindet sich daher in einem Raume von der Größe $f\,(c-v)$, und die gesamte Energie in diesem Raume, soweit sie dem reflektierten Lichte zukommt, wird sein $fE'\,(c-v)$. Die Energieerhöhung, welche gleich der aufgewendeten Arbeit $f\,p\,v$ für die Bewegung des Spiegels sein muß, ist somit

$$f\,p\,v = fE'\,(c-v) - fE\,(c+v)\,,$$

was die Beziehung ergibt

$$p\,v = E'\,(c-v) - E\,(c+v)\,. \tag{1}$$

Ebenso wie das in der Sekunde einfallende Licht aus einem Raum $f\,(c+v)$ kommt und in einen Raum $f\,(c-v)$ übergeht, muß auch eine bestimmte Zahl einfallender Wellen, welche der Länge $c+v$ entsprechen, nach der Reflexion auf die Strecke $c-v$ sich zusammenschieben. Es ist demnach das Verhältnis der Wellenlänge vor der Reflexion zur Wellenlänge nachher

$$\frac{\lambda}{\lambda'} = \frac{c+v}{c-v},$$

ein Resultat, das wir bereits oben auf anderm Wege erhielten.

Nun wissen wir aber aus dem vorhergehenden Paragraphen, daß die Energiedichte

$$E = \frac{k}{\lambda^2}$$

ist, falls die Amplitude und die Fortpflanzungsgeschwindigkeit der Welle als konstant angesehen werden kann. Wir haben ferner bereits gesehen, daß die Amplitude der reflektierten Welle gleich jener der einfallenden sein muß. Dies gilt natürlich auch für die Fortpflanzungsgeschwindigkeit, da ja die einfallende und reflektierte Welle sich im selben Medium befinden. Es ist somit die Energiedichte des reflektierten Lichtes

$$E' = \frac{k}{\lambda'^2},$$

oder es wird

$$\frac{E'}{E} = \frac{\lambda^2}{\lambda'^2} = \left(\frac{c+v}{c-v}\right)^2.$$

Demnach können wir die Gleichung (1) folgendermaßen umwandeln. Es ist

$$p\,v = E'(c-v) - E(c+v) = E\left[\frac{E'}{E}(c-v) - (c+v)\right]$$

$$= E\left[\left(\frac{c+v}{c-v}\right)^2 (c-v) - (c+v)\right] = E\,\frac{c+v}{c-v}\cdot 2\,v\,.$$

Oder es ist

$$p = 2E\,\frac{c+v}{c-v}\,.$$

Damit ist die Größe des Druckes gegeben, welchen senkrecht einfallendes Licht von der Energiedichte E auf die Flächeneinheit eines vollkommenen Spiegels ausübt, der sich mit der Geschwindigkeit v gegen die Richtung des Lichtstrahls bewegt.

Da über die Größe der Geschwindigkeit v keine besondere Annahme gemacht wurde, so können wir sie auch verschwindend klein wählen. Dann erhalten wir den Druck auf einen ruhenden Spiegel. Derselbe wird also sein

$$p = 2E\,.$$

Es ergibt sich somit die überaus einfache Beziehung, daß der Druck des Lichtes, welches senkrecht auf eine vollkommen spiegelnde Fläche auffällt, gleich der doppelten Energiedichte der einfallenden Strahlen ist.

Nach der elektromagnetischen Theorie des Lichts können wir dieses Resultat folgendermaßen erhalten. Denken wir uns die jeweilige Feldstärke E an einem Punkt des Strahls durch die Kraftlinien (Bd. III, § 16) dargestellt, so müssen wir annehmen, daß an einer vollkommen spiegelnden Fläche sämtliche Kraftlinien reflektiert werden. Bewegt sich demnach ein ebener Spiegel gegen den senkrecht einfallenden Strahl mit der Geschwindigkeit v, so werden alle Kraftlinien, welche sich im einfallenden Strahl auf der Strecke $c + v$ befanden, im reflektierten auf die Länge $c - v$ zusammengeschoben. Im umgekehrten Verhältnis dieser Strecken müssen die entsprechenden Feldstärken stehen. Nennen wir also die Amplitude des reflektierten Strahls E_0', so muß

$$\frac{E_0'}{E_0} = \frac{c + v}{c - v}$$

sein. Desgleichen ergibt sich für das Verhältnis der Energiedichten

$$\frac{E_0'^2}{E_0^2} = \left(\frac{c + v}{c - v}\right)^2.$$

Dieselbe Gleichung haben wir aber auch für die Wellen ponderabler Materie gefunden, so daß das Resultat für den Lichtdruck auch bei der Annahme elektromagnetischer Wellen seine Gültigkeit behält.

Wir wollen bei dieser Gelegenheit noch zeigen, wie man mit Hilfe der Relativitätstheorie den Strahlungsdruck findet.

Hasenöhrl hat gezeigt, daß die Strahlungsenergie eines Hohlraums (§ 2) sich so verhält, als besäße sie Masse, und zwar bis auf einen Zahlenfaktor nach der Formel

$$m = \frac{L}{c^2}.$$

Während wir also diese Gleichung (Bd. I, § 54) nur für die Mechanik abgeleitet haben, scheint sie allgemein zu gelten. D. h. wir können einer jeden Energie L eine Trägheitsmasse von der Größe $\frac{L}{c^2}$ zusprechen. Wir können aber noch einen Schritt weiter gehen und sagen: Pflanzt sich Energie etwa in Form von Strahlung mit einer gewissen Geschwindigkeit fort, so besitzt sie eine Bewegungsgröße oder einen Impuls

$$G = m v = \frac{L v}{c^2}.$$

Ein Lichtstrahl treffe senkrecht auf eine Fläche, die ihn vollständig absorbiert. In der Sekunde wird an die Flächeneinheit die Energie $E c$ abgegeben, wenn wir unter E wieder die Energiedichte verstehen. Dieser Energiemenge entspricht die Masse $\frac{E c}{c^2} = \frac{E}{c}$ und der Impuls $\frac{E c}{c} = E$. Die in der Sekunde an die Flächeneinheit abgegebene Bewegungsgröße entspricht aber dem Druck (siehe z. B. Bd. II, § 53). Es ist somit der Strahlungsdruck

$$p = E,$$

wenn der Impuls vollkommen vernichtet wird.

Haben wir es mit einer vollkommen spiegelnden Wand zu tun, so wird der Lichtstrahl mit demselben Impuls in die entgegengesetzte Richtung abgelenkt, d. h. es muß infolge der Gleichheit von Aktion und Reaktion in diesem Fall in der Sekunde an die Flächeneinheit des Spiegels die doppelte Bewegungsgröße abgegeben werden, oder der Strahlungsdruck ist

$$p = 2E,$$

wie wir bereits oben gefunden haben.

§ 8. Der Druck schief auffallender Strahlen.

Der Spiegel S (Fig. 3) bewege sich in der Richtung AX mit der Geschwindigkeit v. Im Punkt A falle ein Lichtstrahl unter dem Winkel α auf den Spiegel. Wir denken uns in A eine sehr kleine Fläche dS des Spiegels, so befindet sich das Licht, welches in der Sekunde dS trifft, falls der Spiegel ruht, in dem Raum $c\,dS\cos\alpha$, unter c wieder die Lichtgeschwindigkeit verstanden. Bewegt sich jedoch der Spiegel mit der Geschwindigkeit v in der genannten Weise, so kommt er in einer Sekunde von A nach A'. Das Licht, welches ihn in A' trifft, war also vor einer Sekunde um c von A' entfernt. Das gesamte auf den Spiegel auftreffende Licht befand sich daher auf einer Strecke, welche gleich ist c vermehrt um die Strecke

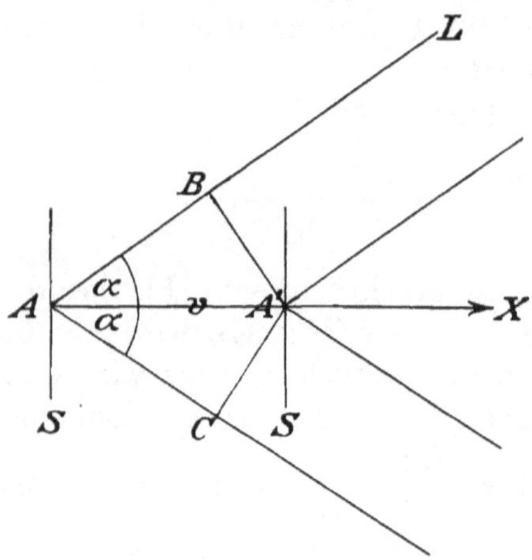

Fig. 3.

$$AB = v\cos\alpha.$$

Dieser Raum ist somit

$$(c + v \cos \alpha)\, dS \cos \alpha \,.$$

Analog erhalten wir nach dem Vorgange des vorhergehenden Paragraphen für den Raum, in welchem sich das in der Sekunde reflektierte Licht befindet,

$$(c - v \cos \alpha)\, dS \cos \alpha \,.$$

Ferner muß die Wellenlänge des einfallenden und reflektierten Strahles in dem Verhältnis stehen

$$\frac{\lambda}{\lambda'} = \frac{c + v \cos \alpha}{c - v \cos \alpha} \,.$$

Das Verhältnis der Energiedichten wird schließlich sein

$$\frac{E'}{E} = \frac{\lambda^2}{\lambda'^2} = \left(\frac{c + v \cos \alpha}{c - v \cos \alpha}\right)^2 .$$

Übt das einfallende Licht auf die Fläche dS den Druck p aus, so muß bei der Bewegung des Spiegels wieder in der Sekunde die Arbeit $p\, v\, dS$ geleistet werden, die gleich der Energieerhöhung des Lichtes ist. Diese ist nach dem Obigen

$$E' (c - v \cos \alpha)\, dS \cos \alpha - E (c + v \cos \alpha)\, dS \cos \alpha \,,$$

wonach wir die Gleichung erhalten

$$\begin{aligned} p\, v &= [E' (c - v \cos \alpha) - E (c + v \cos \alpha)] \cos \alpha \\ &= E \left[\frac{E'}{E} (c - v \cos \alpha) - (c + v \cos \alpha)\right] \cos \alpha \\ &= E \left[\left(\frac{c + v \cos \alpha}{c - v \cos \alpha}\right)^2 (c - v \cos \alpha) - (c + v \cos \alpha)\right] \cos \alpha \,. \end{aligned}$$

Daraus findet man nach leichter Reduktion

$$p = 2\, E \frac{c + v \cos \alpha}{c - v \cos \alpha} \cos^2 \alpha \,,$$

oder wenn wir v unendlich klein werden lassen, d. h. für den ruhenden Spiegel

$$p = 2\, E \cos^2 \alpha \,. \tag{2}$$

§ 9. Der Druck der Hohlraumstrahlung.

Nach § 2 haben wir uns bei vorhandenem Temperaturgleichgewicht vorzustellen, daß in einem Hohlraume die Strahlung nach allen Richtungen des Raumes gleichmäßig erfolgt. Haben wir eine vollkommen spiegelnde Fläche in unserem Hohlraum, so wird sie einen bestimmten Druck erfahren, den wir folgendermaßen berechnen wollen.

Die Dichte der Strahlungsenergie sei wieder E. Von dieser Energiemenge wird ein gewisser Teil dE jenen Strahlen angehören, die mit dem Einfallslot OE (Fig. 4) unseres vollkommenen Spiegels einen Winkel zwischen α und $\alpha + d\alpha$ einschließen. Denken wir uns nun sämtliche Richtungen vom Mittelpunkt einer Kugel vom Radius Eins ausgehend, so treffen jene von uns ins Auge gefaßten Strahlen die Oberfläche der Kugel innerhalb der Zone ZZ', und es verhält sich ihre Zahl zur Gesamtzahl der Richtungen wie die Fläche der Zone zur Gesamtfläche der Kugel, also wie $2\pi \sin\alpha\, d\alpha$ zu 4π (vgl. Bd. II, § 59).

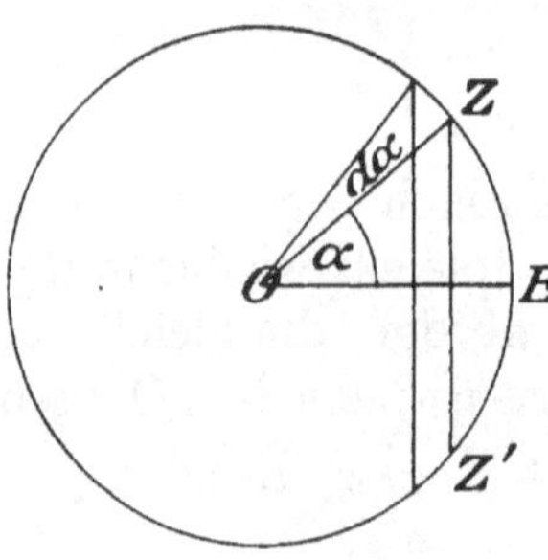

Fig. 4.

Die Energiemenge dE übt aber nach Gleichung (2) den Druck

$$dp = 2dE \cos^2\alpha = E \cos^2\alpha \sin\alpha\, d\alpha$$

aus. Den gesamten Druck, den somit die Flächeneinheit eines vollkommenen Spiegels durch die Hohlraumstrahlung erfährt, erhalten wir, indem wir die letzte Gleichung zwischen den Grenzen 0 und $\frac{\pi}{2}$ integrieren, da ja sämtliche auftreffende Strahlen mit dem Einfallslot Winkel bilden, die zwischen 0 und $\frac{\pi}{2}$ liegen. Es ist daher

$$p = E \int_0^{\frac{\pi}{2}} \cos^2 \alpha \sin \alpha \, d\alpha = E \left[-\frac{\cos^3 \alpha}{3} \right]_0^{\frac{\pi}{2}} = \frac{E}{3} \, .$$

Es resultiert der wichtige Satz: **Der Druck der Hohlraumstrahlung auf einen vollkommenen Spiegel ist gleich dem dritten Teil der Energiedichte.**

§ 10. Das Stefansche Strahlungsgesetz.

Von J. Stefan wurde auf empirischem Wege das Gesetz gefunden, daß die Wärmemenge, welche von einem Körper in der Sekunde ausgestrahlt wird, proportional der vierten Potenz seiner absoluten Temperatur ist, oder es ist die Wärmezufuhr W, welche ein Körper von der Temperatur T' durch einen Körper von der höheren Temperatur T in der Sekunde erfährt,

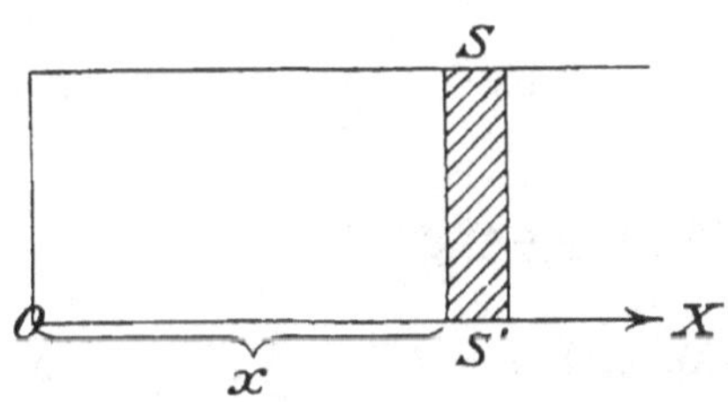

Fig. 5.

$$W = a\,(T^4 - T'^4)\,,$$

wobei a eine Konstante ist, deren Größe durch die Lage, Gestalt, Oberflächenbeschaffenheit der Körper usw. bestimmt wird. Es ist Boltzmann gelungen, durch Anwendung der Sätze der mechanischen Wärmetheorie auf die Strahlung das Stefansche Gesetz für vollkommen schwarze Körper zu beweisen, wobei er ungefähr folgendermaßen vorging.

Wir denken uns einen Zylinder (Fig. 5) vom Querschnitt Eins mit einem verschiebbaren Stempel SS'. Der so gebildete Hohlraum soll vollkommen spiegelnde Wände besitzen. Das abgeschlossene Volumen ist somit x, und wenn E die Energiedichte der Hohlraumstrahlung, so ist xE die gesamte im Hohlraume vorhandene Energie. Auf den Stempel SS' wirkt der Strahlungsdruck $p = \frac{E}{3}$. Aus § 2 wissen wir, daß die Energiedichte lediglich eine Funktion der Temperatur ist. Wir setzen deshalb

$$E = \varphi(T),$$

wobei T die absolute Temperatur bedeutet.

Dadurch, daß wir die Temperatur um dT erhöhen, können wir dem Hohlraume eine Wärmemenge dQ zuführen. Dieselbe wird verwendet zur Erhöhung der Energie der Hohlraumstrahlung und zur Arbeitsleistung, falls der Stempel etwa um dx verschoben wird. Wir haben somit

$$dQ = d(xE) + p\,dx = E\,dx + x\,dE + \frac{E}{3}\,dx,$$

da ja $p = \frac{E}{3}$, oder

$$dQ = x\,dE + \tfrac{4}{3} E\,dx = x\,\varphi'(T)\,dT + \tfrac{4}{3}\varphi(T)\,dx. \tag{3}$$

Bilden wir das Differential der Entropie (Bd. II, § 42), so erhalten wir

$$\frac{dQ}{T} = \frac{x\,\varphi'(T)}{T}\,dT + \frac{4}{3}\,\frac{\varphi(T)}{T}\,dx.$$

Da $\frac{dQ}{T}$ ein vollständiges Differential, so hat es die Eigenschaft (Bd. II, § 43), daß

$$\frac{\partial}{\partial x}\left[\frac{x\varphi'(T)}{T}\right] = \frac{\partial}{\partial T}\left[\frac{4}{3}\,\frac{\varphi(T)}{T}\right]$$

sein muß. Dies ergibt

$$\frac{\varphi'(T)}{T} = \frac{4}{3}\,\frac{\varphi'(T)}{T} - \frac{4}{3}\,\frac{\varphi(T)}{T^2},$$

oder nach leichter Reduktion

$$\frac{\varphi'(T)}{\varphi(T)} = \frac{4}{T}.$$

Multiplizieren wir beide Seiten dieser Gleichung mit dT und integrieren wir, so erhalten wir

$$\ln \varphi(T) = 4 \ln T + \ln A\,,$$

wobei $\ln A$ eine willkürliche Konstante ist. Die letzte Gleichung läßt sich nun noch verwandeln in

$$\varphi(T) = A\,T^4\,.$$

Unter $\varphi(T)$ verstanden wir aber die Energiedichte der Hohlraumstrahlung. Da die in der Zeiteinheit auf die Flächeneinheit auffallende Energiemenge bei der Hohlraumstrahlung aber gleich ist der von der Flächeneinheit eines vollkommen schwarzen Körpers ausgestrahlten Menge und proportional der Energiedichte ist, so muß auch die in der Zeiteinheit ausgestrahlte Wärmemenge proportional der vierten Potenz der absoluten Temperatur sein, was nichts anderes als der Inhalt des Stefanschen Strahlungsgesetzes ist.

§ 11. Schwingungszahl und Dopplersches Prinzip.

Nach dem Dopplerschen Prinzip (Bd. II, § 7) sendet ein Körper, von dem eine Wellenbewegung mit der Schwingungszahl n ausgeht, auf einen zweiten, gegen welchen er sich mit der Geschwindigkeit v bewegt, in der Sekunde $\frac{a}{a-v}\,n$ Wellen, wenn a die Fortpflanzungsgeschwindigkeit der Wellen ist. Ist die Quelle der Wellenbewegung in Ruhe, und es nähert sich ihr ein Körper mit der Geschwindigkeit v, so empfängt er in der Sekunde $\frac{a+v}{a}n$ Wellen. Wenden wir dies auf die Lichtwellen an, so empfangen wir von einer Lichtquelle, die sich uns mit der Geschwindigkeit v nähert, Licht von der Schwingungszahl

$$\nu = \frac{c}{c-v}\nu ,$$

wenn c die Lichtgeschwindigkeit bedeutet.

Ist die Lichtquelle in Ruhe und nähern wir uns ihr mit der Geschwindigkeit v, so ist die scheinbare Schwingungszahl des uns treffenden Lichtes

$$\nu' = \frac{c+v}{c}\nu .$$

Da v gegen c stets sehr klein ist, so ergeben beide Formeln dasselbe Resultat

$$\nu' = \left(1 \pm \frac{v}{c}\right)\nu , \tag{4}$$

wobei sich das positive Vorzeichen auf die Annäherung, das negative auf die Entfernung der Lichtquelle bezieht.

Nach der Relativitätstheorie können wir nicht feststellen, welcher Körper der ruhende, welcher der bewegte ist. In der Tat ergibt sie für das Dopplersche Prinzip, wie wir aus dem folgenden ersehen werden, eine Formel, die nur von der relativen Bewegung von Lichtquelle und Auge zueinander abhängt und die sich von Gleichung (4) nur um Glieder des $\frac{v}{c}$ höherer Ordnung unterscheidet.

Von einem Punkt S gehen Lichtwellen aus. In der Entfernung s befindet sich ein Punkt P. Im Punkt S beginne die Lichtbewegung zur Zeit $t = 0$. Der Anfang des Wellenzugs trifft dann in der Zeit $\frac{s}{c}$ in P ein. Von S gehen in der Sekunde ν Wellen aus, dann ist die Zahl der Wellen, die zur Zeit t den Punkt P passiert haben, $\nu\left(t - \frac{s}{c}\right)$. In S sei der Ursprung O (Bd. I, Fig. 15) eines Koordinatensystems, das mit P fest verbunden ist. Die x-Achse habe die Richtung SP. Der Ausdruck für die Zahl der passierenden Wellen ist dann $\nu\left(t - \frac{x}{c}\right)$.

Wir denken uns jetzt ein bewegliches System S', dessen x'-Achse mit der x-Achse zusammenfällt. Zur Zeit t sei O' in P. Dann gilt auch für O' als Zahl für die Wellen, die diesen Punkt bereits passiert haben, $\nu\left(t - \frac{s}{c}\right) = \nu\left(t - \frac{x}{c}\right)$. Führen wir jetzt die gestrichenen Größen des Systems S' ein, so wird dieser Ausdruck $\nu'\left(t' - \frac{x'}{c}\right)$ und es muß die Beziehung gelten $\nu\left(t - \frac{x}{c}\right) = \nu'\left(t' - \frac{x'}{c}\right)$. Für t' und x' führen wir die Ausdrücke aus den Gleichungen (29, Bd. I) ein und erhalten so

$$\nu\left(t - \frac{x}{c}\right) = \nu'\beta\left(t - \frac{v\,x}{c^2} - \frac{x}{c} + \frac{v\,t}{c}\right) = \nu'\beta\left(1 + \frac{v}{c}\right)\left(t - \frac{x}{c}\right)$$

oder

$$\nu' = \nu\,\frac{1}{\beta\left(1 + \frac{v}{c}\right)} = \frac{\nu}{\beta}\,\frac{1 - \frac{v}{c}}{1 - \frac{v^2}{c^2}} = \nu\,\beta\left(1 - \frac{v}{c}\right).$$

Vergleichen wir dies mit der obigen Formel, so zeigt sich ein Unterschied, der aber wegen der kleinen Größe $\frac{v}{c}$ klein höherer Ordnung ist.

§ 12. Das Wiensche Verschiebungsgesetz.

Fällt Licht mit der Schwingungszahl ν von einer punktförmigen Lichtquelle senkrecht auf einen ebenen Spiegel, so wird es in sich selbst zurückgeworfen. Bewegt sich der Spiegel gegen die Lichtquelle mit der Geschwindigkeit v, so ist es, als käme das Licht vom Spiegelbild der Lichtquelle, das die Geschwindigkeit $2\,v$ hat. Das zurückgeworfene Licht hat daher die Schwingungszahl (Gl. 4)

$$\nu' = \left(1 + \frac{2\,v}{c}\right)\nu\,.$$

Bei sich entfernendem Spiegel hätten wir natürlich

$$\nu' = \left(1 - \frac{2\,v}{c}\right)\nu\,.$$

Wegen des sehr kleinen $\frac{v}{c}$ können wir auch schreiben

$$\nu' - \nu = d\nu = \pm\,\frac{2\,v}{c}\nu\,.$$

Für schief auffallende Strahlen erhalten wir leicht nach dem Vorgang des § 8

$$d\nu = \pm\,\frac{2\,v\cos\alpha}{c}\nu\,.$$

Wir denken uns jetzt in unserm Zylinder (Fig. 5) eine bestimmte Strahlenart der Schwingungszahl ν nach allen Richtungen des Raums verteilt. Ihre Energiedichte (§ 6) sei E. Verlegen wir alle Strahlrichtungen als Radien in eine

Kugel vom Halbmesser Eins, so erhalten wir nach dem Vorgang in § 9 und Bd. II, § 59 für die Energiemenge, die mit der Normalen zur Stempelwand SS' einen Winkel zwischen α und $\alpha + d\alpha$ einschließt, $\frac{1}{2} E \sin \alpha \, d\alpha$. Die Komponente der Geschwindigkeit c in der Richtung der Normalen ist $c \cos \alpha$. Die Gesamtenergie, die in der Sekunde auf den Stempel auftrifft, ist daher $\frac{1}{2} E c \cos \alpha \sin \alpha \, d\alpha$.

Der Stempel bewege sich nun mit der Geschwindigkeit v in der Richtung der x-Achse, so daß das Volumen V des Zylinders in der Zeit dt um $v\,dt = dV$ vergrößert wird. Alle Strahlen, die vom Stempel reflektiert werden, erfahren daher eine Änderung der Schwingungszahl

$$d\nu = -\frac{2 v \cos \alpha}{c} \nu .$$

In der Zeit dt setzen wir deshalb von der gesamten Energie EV, die im Zylinder vorhanden ist, die Schwingungszahl herab, d. h. wir ändern sie um

$$\tfrac{1}{2} E c \cos \alpha \sin \alpha \, d\alpha \cdot \frac{-2 v \cos \alpha}{c} \nu \, dt$$

$$= - E \nu v \, dt \cos^2 \alpha \sin \alpha \, d\alpha = - E \nu \, dV \cos^2 \alpha \sin \alpha \, d\alpha .$$

Durch Integration nach α erhalten wir dann die gesamte Abnahme der Schwingungszahl bei der Vergrößerung des Volumens um dV. Diese ist somit (Bd. II, § 59)

$$- E \nu \, dV \int_0^{\pi/2} \cos^2 \alpha \sin \alpha \, d\alpha = - \tfrac{1}{3} E \nu \, dV .$$

Die gesamte Energie in unserm Zylinder ist EV. Wir erhalten demnach die durchschnittliche Verkleinerung der Schwingungszahl, wenn wir den letzten Ausdruck durch EV dividieren. Danach wird also

$$d\nu = - \tfrac{1}{3} \nu \frac{dV}{V} . \tag{5}$$

Die Verschiebung des Stempels geschieht adiabatisch (Bd. II, § 39). Da die Strahlung dabei äußere Arbeit leistet, so muß die Energie mithin die Temperatur erniedrigt werden. Aus der Betrachtung einer adiabatischen Zustandsänderung werden wir daher die Beziehung zwischen ν und T erhalten. Gleichung (3) ist also zu schreiben

$$0 = x\,dE + \tfrac{4}{3}E\,dx = V\,dE + \tfrac{4}{3}E\,dV,$$

woraus folgt

$$\frac{dE}{E} = -\frac{4}{3}\frac{dV}{V}.$$

Nach dem Stefanschen Gesetz (§ 10) ist aber

$$E = A\,T^4,$$

wobei natürlich die Konstante A in unserm jetzigen Fall nicht näher bestimmt ist. Durch Differentiation ergibt sich

$$dE = 4\,A\,T^3\,dT$$

und es folgt weiter

$$\frac{dE}{E} = 4\,\frac{dT}{T} = -\frac{4}{3}\,\frac{dV}{V}$$

oder

$$\frac{dT}{T} = -\frac{1}{3}\,\frac{dV}{V}$$

und nach Gleichung (5)

$$d\nu = \nu\,\frac{dT}{T}.$$

Diese letzte Gleichung wollen wir integrieren. Wir schreiben

$$\frac{d\nu}{\nu} = \frac{dT}{T}$$

oder integriert

$$\ln \nu + \ln C = \ln T, \qquad \ln T - \ln \nu = \ln C,$$

$$\ln\left(\frac{T}{\nu}\right) = \ln C, \qquad \frac{T}{\nu} = C.$$

Das heißt: Haben wir eine bestimmte Strahlenart in einem abgeschlossenen vollkommen spiegelnden Raum von der Temperatur T und der Schwingungszahl ν, so ändert sich bei einer adiabatischen Volumsänderung Temperatur und Schwingungszahl nach der letzten Gleichung. Das ist der Inhalt des Wienschen Verschiebungsgesetzes, das wir für einen speziellen Fall noch besonders besprechen werden.

§ 13. Das Wiensche Strahlungsgesetz — Wellenlänge der Maximalstrahlung.

Aus der Natur der Hohlraumstrahlung (§§ 2 und 4) geht hervor, daß sie Strahlen aller möglichen Wellenlängen enthalten muß und daß deren Energie über die Schwingungszahlen gesetzmäßig verteilt sein muß. Wir wollen die Energiemenge in einem Hohlraum von bestimmter Temperatur T mit E, jenen Anteil, der eine Schwingungszahl zwischen ν und $\nu + d\nu$ hat, mit $E_\nu \, d\nu$ bezeichnen. Die gesamte Energie wird also

$$E = \int_0^\infty E_\nu \, d\nu$$

und E_ν eine Funktion von T und ν sein.

Für die Temperatur T ist $E = A_1 T^4$ (§ 10). Wir können natürlich $E_\nu \, d\nu$ auch als Funktion von T/ν und T darstellen, was wir im weiteren tun wollen. Wir haben vorerst, indem wir alles bei konstanter Temperatur betrachten

$$E_\nu \, d\nu = T \, E_\nu \, d\left(\frac{\nu}{T}\right).$$

Es muß ferner wegen $E = A_1 T^4$ auch $E_\nu d\nu$ den Faktor T^4 besitzen, da aber außer T nur $\frac{T}{\nu}$ in der Funktion vorkommen soll, so können wir $E_\nu d\nu$ schreiben

$$T E_\nu \, d\left(\frac{\nu}{T}\right) = T^4 \left(\frac{\nu}{T}\right)^3 F\left(\frac{T}{\nu}\right) d\left(\frac{\nu}{T}\right)$$

und erhalten bei der Integration wegen aller möglichen ν zwischen den Grenzen 0 und ∞ $E = A_1 T^4$ d. h. das Stefansche Gesetz. Für E selbst können wir aber setzen

$$E_\nu = C \nu^3 F\left(\frac{T}{\nu}\right). \tag{6}$$

Dieses von W. Wien gefundene Gesetz können wir auch das Wiensche Strahlungsgesetz nennen. Freilich ist darin die Funktion $F\left(\frac{T}{\nu}\right)$ noch nicht bestimmt. Wir wollen es noch anders darstellen, indem wir $\nu = \frac{c}{\lambda}$ (c = Lichtgeschwindigkeit, λ = Wellenlänge) setzen. Es wird dann

$$d\nu = -\frac{c\,d\lambda}{\lambda^2},$$

daher

$$E_\nu d\nu = -\frac{C c^4}{\lambda^5} F\left(\frac{T\lambda}{c}\right) d\lambda.$$

Es ist leicht einzusehen, daß die Energie von der Wellenlänge zwischen λ und $\lambda + d\lambda$

$$E_\lambda d\lambda = \frac{c_1}{\lambda^5} F\left(\frac{T\lambda}{c}\right) d\lambda$$

ist, wenn wir $C c^4 = c_1$ setzen.

Wir stellen jetzt die Frage, für welche Wellenlänge die Energie ein Maximum ist. Für diesen Fall muß $\frac{dE_\lambda}{d\lambda} = 0$

werden. Wir erhalten also

$$-\frac{5c_1}{\lambda^6}F\left(\frac{T\lambda}{c}\right)+\frac{c_1 T}{c\lambda^5}F'\left(\frac{T\lambda}{c}\right)=0\,.$$

Wir multiplizieren diese Gleichung mit λ^6 und dividieren sie durch c_1, erhalten also

$$-5F\left(\frac{T\lambda}{c}\right)+\frac{T\lambda}{c}F'\left(\frac{T\lambda}{c}\right)=0\,.$$

Als Lösung erhalten wir für $\frac{T\lambda}{c}$ mithin auch für $T\lambda$ einen ganz bestimmten Wert. Da jetzt λ dem Maximum der Energie zukommt, wollen wir es mit λ_m bezeichnen und haben die Beziehung

$$T\lambda_m = b\,,$$

wobei b eine bestimmte meßbare Konstante ist. Auch diese Gleichung pflegt man häufig das Wiensche Verschiebungsgesetz zu nennen.

Die experimentell bestimmte Konstante b bietet Gelegenheit für „schwarze Strahler" durch Messung des λ_m die Temperatur zu bestimmen. Natürlich läßt sich auch nach dem Stefanschen Strahlungsgesetz aus der Emission des „absolut schwarzen Körpers" (§ 4) seine Temperatur berechnen. In der Tat geben beide Methoden übereinstimmende Resultate.

§ 14. Verteilung der Energie auf die Freiheitsgrade.

In Bd. II, § 65 fanden wir für die Zahl der Elemente, denen in der kanonischen Verteilung eine Energie ε_i zukommt, die Formel

$$\nu_i = n\,e^{-\mu-\lambda\varepsilon_i} = a\,e^{-\lambda\varepsilon_i}\,,$$

wenn wir $n\,e^{-\mu} = a$ setzen. Für die Gesamtzahl der

Elemente erhalten wir somit

$$n = a \sum e^{-\lambda \varepsilon_i}.$$

Ferner erhielten wir für die innere Energie

$$U = \sum \nu_i \varepsilon_i = n \sum e^{-\mu - \lambda \varepsilon_i} \varepsilon_i = a \sum \varepsilon_i e^{-\lambda \varepsilon_i}.$$

Danach finden wir

$$(7) \qquad \frac{U}{n} = \frac{\sum \varepsilon_i e^{-\lambda \varepsilon_i}}{\sum e^{-\lambda \varepsilon_i}} = -\frac{d}{d\lambda} \ln \sum e^{-\lambda \varepsilon_i}.$$

Wir hatten für ein ideales Gas (Bd. II, § 66)

$$\varepsilon_i = \frac{m c^2}{2} = \frac{m u^2}{2} + \frac{m v^2}{2} + \frac{m w^2}{2}$$

gesetzt. Es besteht also $\frac{m c^2}{2}$ aus drei gleichartigen Bestandteilen. Zur Festlegung der Geschwindigkeit c benötigt man drei Komponenten u, v, w. Wenn wir irgendeine Bewegung haben, so gibt es eine kleinste Anzahl von Bestimmungsstücken derselben. Wir können sie die Zahl der notwendigen Koordinaten nennen. Da jede dieser Koordinaten ohne Beeinflussung der anderen sich ändern kann, so nennt man die so definierte Koordinatenzahl gewöhnlich die Zahl der Freiheitsgrade. So hat z. B. ein Massenpunkt, wie wir eben gesehen haben, drei Freiheitsgrade. Denken wir uns die Energie auf sämtliche Freiheitsgrade eines Systems verteilt, so stellt uns die Gleichung (7) die auf jeden Freiheitsgrad entfallende innere Energie dar. Die Bedeutung der Größe λ, die in Gleichung (7) auftritt, lernten wir bereits in Bd. II, §§ 65 u. 70 kennen. Wir fanden dort

$$(8) \qquad \lambda = \frac{n}{R T} = \frac{1}{k T}.$$

§ 15. Das Plancksche Strahlungsgesetz.

Das Wiensche Strahlungsgesetz (Gl. 6) enthält eine unbestimmte Funktion $F\left(\frac{T}{\nu}\right)$. Sie läßt sich unter verschiedenen Annahmen nach den Regeln der Statistik finden. Wir wollen zu dem Zweck folgendes Verfahren anwenden. Ein Hohlraum werde von den verschiedensten Wellenzügen beständig durchströmt. Welche Art von Wellen wir uns dabei denken, ist gleichgültig. Wir wollen einfach annehmen, daß in jedem Punkt des Hohlraums schwingende Bewegungen auftreten, daß er etwa mit schwingenden Ätherteilchen in kanonischer Verteilung (Bd. II, § 65) erfüllt ist.

Betrachten wir ein schwingendes Pendel (Bd. I, § 9), so ist die treibende Kraft auf die Pendelkugel beim Passieren der Ruhelage gleich Null. Das Pendel hat daselbst eine bestimmte kinetische Energie; die potentielle können wir Null setzen. In jeder anderen Lage muß die Energie, die sich jetzt aus kinetischer und potentieller zusammensetzt, nach dem Satz von der Erhaltung der Energie (Bd. I, § 13) denselben Wert haben.

Analog sollen sich unsere schwingenden Ätherteilchen verhalten. Ihre Energie denken wir uns zusammengesetzt aus gleichen Elementen von der Größe ε. Es ist daher allgemein $\varepsilon_i = i\,\varepsilon$. Wir können demnach die Summe in Gleichung (7) schreiben

$$\sum e^{-\lambda \varepsilon_i} = \sum e^{-i \lambda \varepsilon} = \sum \alpha^i,$$

indem wir $e^{-\lambda\varepsilon} = \alpha$ setzen. Da $\lambda\,\varepsilon$ positiv ist, so ist $\alpha < 1$. Wir können daher $\sum \alpha^i$ als eine unendliche geometrische Reihe darstellen, indem wir für i alle positiven ganzen Zahlen von 0 bis ∞ einzuführen haben. Das ergibt

$$\sum_0^\infty \alpha^i = 1 + \alpha + \alpha^2 + \ldots = \frac{1}{1-\alpha} = \frac{1}{1-e^{-\lambda\varepsilon}}.$$

Jetzt können wir Gleichung (7) schreiben

$$\frac{U}{n} = -\frac{d}{d\lambda}\ln\left(\frac{1}{1-e^{-\lambda\varepsilon}}\right) = \frac{d}{d\lambda}\ln\left(1-e^{-\lambda\varepsilon}\right)$$

$$= \frac{\varepsilon e^{-\lambda\varepsilon}}{1-e^{-\lambda\varepsilon}} = \frac{\varepsilon}{e^{\lambda\varepsilon}-1}.$$

Wenn wir schließlich noch nach Gleichung (8) $\lambda = \frac{1}{kT}$ einführen, so ergibt sich

$$\frac{U}{n} = \frac{\varepsilon}{e^{\frac{\varepsilon}{kT}}-1}.$$

Wir setzen nun nach unseren Ausführungen die Zahl der schwingenden Teilchen in der Volumeinheit, die eine Schwingungszahl ν haben, $\varrho(\nu)$. Jedes Teilchen hat drei Freiheitsgrade (§ 14). Ihre innere Energie wird also sein

$$u_\nu = 3\varrho(\nu)\frac{\varepsilon}{e^{\frac{\varepsilon}{kT}}-1}.$$

Für diese Energiedichte der Hohlraumstrahlung fanden wir nach dem Wienschen Strahlungsgesetz (Gl. 6)

$$u_\nu = C\nu^3 F\left(\frac{T}{\nu}\right).$$

Setzen wir die beiden Ausdrücke für u_ν einander gleich, so lassen sie sich in die beiden Gleichungen

$$3\varrho(\nu)\,\varepsilon = C\nu^3$$

und

$$F\left(\frac{T}{\nu}\right) = \frac{1}{e^{\frac{\varepsilon}{kT}}-1}$$

spalten. Damit aber in der letzten Gleichung die rechte

Seite eine Funktion von $\frac{T}{\nu}$ wird, muß

$$\varepsilon = h\nu$$

sein, wobei h eine neue Konstante ist. Es wird somit

$$u_\nu = \frac{C\nu^3}{e^{\frac{h\nu}{kT}} - 1}. \tag{9}$$

Damit ist aber die Verteilung der Emission des vollkommen schwarzen Körpers über die verschiedenen Schwingungszahlen gegeben, die sich von u_ν ja nur durch einen konstanten Faktor unterscheidet.

Führen wir anstatt ν die Wellenlänge λ (§ 13) ein, so wird die Emission

$$E_\lambda = \frac{c_1 \lambda^{-5}}{e^{\frac{c_2}{T\lambda}} - 1},$$

was so zu verstehen ist, daß die Wärmemenge von einer Wellenlänge zwischen λ und $\lambda + d\lambda$, die der „schwarze Strahler" aussendet, $E_\lambda d\lambda$ ist. Die Bedeutung der Konstanten c_1 und c_2 läßt sich nach dem Vorhergehenden leicht finden. Wir nennen die letzte Gleichung nach ihrem Entdecker das Plancksche Strahlungsgesetz. Es wurde bei allen Experimentaluntersuchungen vollkommen bestätigt.

Wir können also folgendes aussagen. Um zu seinem Strahlungsgesetz zu gelangen, faßte Planck die Energie der Strahlung bestimmter Schwingungszahl atomistisch auf, indem er sie zusammengesetzt denkt aus Energiequanten von der Größe ε. Diese stehen mit der Schwingungszahl (Frequenz) ν in der einfachen Beziehung $\varepsilon = h\nu$, wobei h eine universelle Konstante ist. Mit diesem wichtigen Resultat wurde Planck der Begründer der Quantentheorie.

$h\nu$ hat die Dimension einer Energie. Die Schwingungszahl ν ist eine reine Zahl dividiert durch eine Zeit; daher ist h eine Energie multipliziert mit einer Zeit. Eine solche Größe heißt in der Mechanik eine Wirkung, weshalb Planck die universelle Konstante h das „Wirkungsquantum" nannte. Seine Größe läßt sich aus Strahlungsmessungen bestimmen. Es hat sich dafür ergeben

$$h = 6{,}5 \cdot 10^{-27} \text{ erg. sec.}$$

Es läßt sich zeigen, daß in Gleichung (9) $C = \frac{C_1 h}{c^2}$ gesetzt werden kann, wobei wir unter C_1 eine neue Konstante und unter c die Lichtgeschwindigkeit verstehen. Danach können wir

$$E_\nu = \frac{C_2 h \nu^3}{c^2} \cdot \frac{1}{e^{\frac{h\nu}{kT}} - 1}$$

schreiben (C_2 die entsprechende Konstante). Der Exponent $\frac{h\nu}{kT}$ nimmt kleine Werte für hohe Temperaturen oder für kleine Schwingungszahlen, d. h. für große Wellenlängen an. In diesen Fällen können wir

$$e^{\frac{h\nu}{kT}} = 1 + \frac{h\nu}{kT}$$

setzen und es wird

$$E_\nu = \frac{C_2 \nu^2}{c^2} k T$$

oder nach dem früheren

$$E_\lambda = \frac{C_2 c}{\lambda^4} k T,$$

eine Formel, die bereits Rayleigh aus statistischen Überlegungen gefunden hat.

Wird $\frac{h\nu}{kT}$ groß, was für große Schwingungszahlen, das ist kleine Wellenlängen oder bei niedriger Temperatur gilt, so können wir Eins gegen $e^{\frac{h\nu}{kT}}$ vernachlässigen. Dann wird

$$E_\nu = \frac{C_2 h \nu^3}{c^2} e^{-\frac{h\nu}{kT}}$$

oder

$$E_\lambda = C_2 h c^2 e^{-\frac{hc}{k\lambda T}}.$$

Diese Form des Strahlungsgesetzes wurde bereits von W. Wien aufgestellt.

§ 16. Quantentheorie.

Wir kennen verschiedene physikalische Größen, deren Eigenschaften man daraus zu erklären sucht, daß sie nicht ins Unendliche teilbar sind, sondern daß sie aus kleinsten Teilchen bestehen, die entweder nicht weiter teilbar sind oder die durch weitere Teilung ihre charakteristischen Eigenschaften verlieren. Die erste derartige Anschauungsweise ist die im Altertum begründete, durch Dalton zur Erklärung der chemischen Erscheinungen herangezogene Atomtheorie. Welche Vorteile die atomistische Anschauungsweise der neueren Physik gebracht hat, haben wir zum Teil bereits in der kinetischen Gastheorie kennen gelernt.

Mit der Atomistik war das Vorbild für alle späteren analogen Theorien gegeben. So führten die Gesetze der Elektrolyse (§ 21 ff.) zur Annahme kleinster nicht weiter teilbarer Elektrizitätsquanten, der Elektronen.

Alle statistischen Rechnungen setzen Einzelindividuen voraus. Das ist der große Unterschied zwischen der Thermodynamik und der kinetischen Theorie der Materie, daß jene nur direkt meßbare Größen verwendet, diese aber eine Atom- bzw. Molekulartheorie ist. Analog behandeln wir im 3. Band die Elektrizität als Kontinuum, im folgenden fassen wir sie atomistisch auf.

In den statistischen Rechnungen (Bd. II, § 64) führten wir eine beliebige Eigenschaft der Molekeln quantenhaft ein, d. h. wir gaben ν_1 Molekeln eine Eigenschaft von der Größe γ, ν_2 dieselbe Eigenschaft von der Größe 2γ usw. Die Größe γ nennen wir ein „Quantum“ oder „Quant“ der bewußten Eigenschaft.

Diese zwei Anschauungsweisen — wir können sie kurz die Kontinuitäts- und die Atomtheorie nennen — müssen notwendigerweise, wenn sie überhaupt anerkannt werden sollen, die makroskopischen Erscheinungen gleicherweise wiedergeben. Insofern bot die ältere Atomistik auch gar keine Schwierigkeiten, solange man die Atome als kleine Körperchen ansah, für die ebenso wie für die sichtbaren Körper die Gesetze der klassischen Mechanik gültig sind. Was nun die sogenannte „Quantentheorie“ anbelangt, unterscheidet sie sich von der alten Atomistik wesentlich dadurch, daß sie, wie wir später zu sehen Gelegenheit haben werden, für die Mechanik des Atoms, das selbst als sehr kompliziertes System erscheint, die Gültigkeit anderer Bewegungsgesetze voraussetzt als jene der makroskopischen Welt.

§ 17. Die spezifische Wärme fester Körper.

Wie einen Hohlraum können wir uns auch einen festen Körper von den verschiedensten Wellenzügen durchströmt denken, nur sind sie hier lediglich Wellen in einem elastischen Körper, während wir es dort mit Ätherwellen zu tun hatten. Es hindert uns deshalb nichts, auch in den Schwingungen der festen Körper Energieelemente anzunehmen.

Wir können die Sache aber auch so auffassen, daß jede Molekel des Körpers Pendelschwingungen vollführt, deren Frequenz wir der Einfachheit halber für alle gleich ν annehmen. Auf ein solches System können wir ohne weiteres die Resultate der statistischen Rechnung anwenden.

Für die Energie eines Freiheitsgrades eines schwingenden Teilchens fanden wir (§ 15)

$$\bar{\varepsilon} = \frac{\varepsilon}{e^{\frac{\varepsilon}{kT}} - 1} = \frac{h\nu}{e^{\frac{h\nu}{kT}} - 1}$$

Sei die Loschmidtsche Zahl N und schreiben wir jedem schwingenden Teilchen 3 Freiheitsgrade zu, so ist die Gesamtenergie eines Mols des Körpers $E = 3N\bar{\varepsilon}$. Die spezifische Wärme bezogen auf ein Mol des Körpers (Molekular-, Atomwärme) ist dann

$$C = \frac{dE}{dT} = \frac{3Nk}{\left(e^{\frac{h\nu}{kT}} - 1\right)^2} \cdot \left(\frac{h\nu}{kT}\right)^2 \cdot e^{\frac{h\nu}{kT}}.$$

Wir erhalten also für die spezifische Wärme eine außerordentlich komplizierte, von Einstein zuerst entwickelte Formel. Wir wollen sie für extrem niedrige und hohe Temperaturen untersuchen.

Mit abnehmender Temperatur nimmt $\frac{h\nu}{kT}$ zu und damit auch $e^{\frac{h\nu}{kT}}$. Dieser Ausdruck wird also schließlich so groß werden, daß wir Eins dagegen vernachlässigen können. Es wird dann

$$C = 3Nk \frac{\left(\frac{h\nu}{kT}\right)^2}{e^{\frac{h\nu}{kT}}}.$$

Mit abnehmender Temperatur T wird $e^{\frac{h\nu}{kT}}$ in höherer Ordnung unendlich als $\left(\frac{h\nu}{kT}\right)^2$. D. h. mit abnehmender Temperatur nähert sich die spezifische Wärme dem Wert Null, was wir bereits bei der Betrachtung des Nernstschen Wärmetheorems (Bd. II, § 51) kennen gelernt haben.

Mit steigender Temperatur wird $\frac{h\nu}{kT}$ immer kleiner. Es genügt dann vielfach $e^{\frac{h\nu}{kT}} = 1 + \frac{h\nu}{kT}$ bzw. gleich Eins zu setzen. Danach wird

$$C = 3Nk = 3R,$$

wobei R die Gaskonstante bezogen auf ein Mol ist (Bd. II, § 54). Dieses ist rund 2 kal, so daß $C = 6$ kal wird, wie es das Dulong-Petitsche Gesetz fordert.

Die Einsteinsche Formel stimmt nur teilweise mit dem Experiment überein. Durch weitere plausible Annahmen über das Verhalten der festen Körper konnte sie jedoch zufriedenstellend korrigiert werden.

§ 18. Die spezifische Wärme der Gase.

Um ein Beispiel für die Anwendung der klassischen und der Quantenmechanik kennen zu lernen, wollen wir einen Blick auf die spezifische Wärme der Gase werfen.

Für alle Gase, sowohl die ein- als die mehratomigen, fanden wir die spezifische Wärme als eine von der Temperatur unabhängige Größe, was innerhalb beträchtlicher Temperaturdifferenzen auch mit der Erfahrung übereinstimmt. Wie wir aber im vorhergehenden Paragraphen für die festen Körper kennen lernten, treten bei diesen um so größere Abweichungen ein, je mehr sich ihre Temperatur dem absoluten Nullpunkt nähert. Dies konnte mit Hilfe der Quantentheorie erklärt werden. Nun läßt sich auch bei den Gasen annehmen, daß wohl die Energie der fortschreitenden Bewegung aus dem Maxwellschen Verteilungsgesetz der Geschwindigkeiten erhalten wird, daß aber für die innere Energie der Molekeln der Gleichverteilungssatz (§ 14) nicht mehr zu gelten braucht, sondern daß sie sich vom absoluten Nullpunkt angefangen stufenweise der Molekel mitteilt.

Im Bd. II, § 66 haben wir für die Zahl der Molekeln einer gewissen Geschwindigkeit c die Formel kennen gelernt

$$\nu_i = n\,A\,e^{-\frac{c^2}{\alpha^2}} du\,dv\,dw\,.$$

Das können wir ohne weiteres auf die Anschauung eines stufenweisen Energieanstiegs in einer Molekel übertragen, indem wir $\frac{m\,c^2}{2} = \varepsilon\,i$ setzen, also jeder Stufe die Größe ε geben.

Wir fanden ferner $\alpha^2 = \frac{2\,\theta}{m}$, also

$$\theta = \frac{m\,\alpha^2}{2} = \frac{R\,T}{n} = k\,T\,.$$

(Bd. II, §§ 53 und 68). Nach all dem können wir

$$\nu_i = n\,A\,e^{-\frac{i\,\varepsilon}{k\,T}} du\,dv\,dw$$

setzen. Die Molekelzahlen der einzelnen Energiestufen werden somit im Verhältnis stehen

$$\nu_0 : \nu_1 : \nu_2 : \ldots = 1 : e^{-\frac{\varepsilon}{kT}} : e^{-\frac{2\varepsilon}{kT}} : \ldots$$

Wir erkennen daraus, daß beim absoluten Nullpunkt alle Molekeln dieselbe innere Energie besitzen werden, da alle Potenzen von der Formel $e^{-\frac{i\varepsilon}{kT}} = 0$ werden. Mit steigendem T werden dann Molekeln mit einer Energiestufe, dann solche mit zwei usw. auftreten. Ist die Temperatur genügend hoch geworden, so können wir mit großer Annäherung $e^{-\frac{i\varepsilon}{kT}} = 1$ setzen, und wir können ähnlich, wie wir etwa das mittlere Quadrat der Geschwindigkeiten der Molekeln $\overline{c^2}$ proportional der absoluten Temperatur fanden, auch die innere Energie der Molekeln proportional T und somit die spezifische Wärme als konstant ansehen.

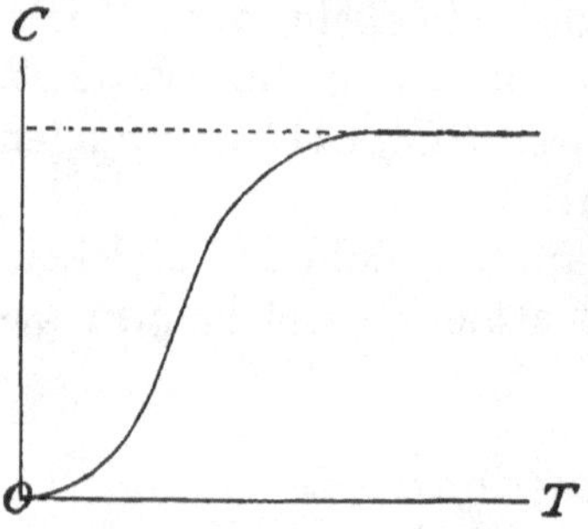

Fig. 6.

Der Gang der spezifischen Wärme der Gase mit der Temperatur wird also so verlaufen, daß sie nach einer Exponentiellen von Null angefangen ansteigt, und sich schließlich so, wie in Fig. 6 dargestellt ist, einen konstanten Wert annimmt. In der Tat haben Messungen an Wasserstoff ein gleiches Resultat ergeben, was auch mit dem Nernstschen Wärmetheorem (Bd. II, § 51) in Einklang steht.

Elektronik.

§ 19. Theorien der Elektrizität — Elektronentheorie.

Man hat ursprünglich, ähnlich wie die Wärme, so auch die Elektrizität als einen Stoff behandelt, der als eine Art Fluidum die Körper erfüllt. Die unitarische Theorie nahm nur ein Fluidum an und nannte einen Körper negativ elektrisch, wenn sein elektrostatisches Potential niedriger als jenes der Umgebung, positiv, wenn es höher war. Die dualistische Theorie nahm zwei Fluida entgegengesetzter Eigenschaft, die positive und die negative Elektrizität, an (Bd. III, § 1).

Durch J. Cl. Maxwell wurde eine neue Theorie der elektrischen und magnetischen Erscheinungen gegeben, die gleichzeitig die Erscheinungen der Optik mit umfaßt. Diese Theorie versetzt die Elektrizität nicht als Fluidum in einen Leiter, sondern sucht die wesentlichen Ursachen der elektromagnetischen Erscheinungen in einem bestimmten veränderlichen Spannungszustand in den Nichtleitern, zu denen in erster Linie der Äther gehört. Die Maxwellsche Theorie wurde besonders durch die Hertzschen Experimente gestützt.

Trotzdem gab es noch verschiedene Erscheinungen, welche mit Hilfe der Maxwellschen Anschauungen zu erklären man nicht in der Lage war. Es stellte deshalb H. A. Lorentz eine Art Vereinigung zwischen der Fluidums- und der Maxwellschen Theorie her, indem er der Elektrizität wiederum eine bestimmte Substanz zugrunde legte, welche wir als eine Art Fluidum betrachten können, das, ähnlich den Anschauungen, die wir über die Materie haben, nicht bis ins Unendliche teilbar ist, sondern bei welchem wir nach fortgesetzter Teilung schließlich zu konstanten, nicht mehr teilbaren Elektrizitätsmengen gelangen, die untereinander der Größe nach gleich sind. Ein solches kleinstes Teilchen — wir nehmen deren sowohl positive als negative an — führt den Namen „Elektron". Wird keine nähere Angabe gemacht, so versteht man unter Elektronen negative Elektrizitätsteilchen.

Jene Theorie, welche den elektrischen Erscheinungen die Elektronen zugrunde legt, nennen wir die Elektronentheorie oder Elektronik.

Ein Elektron ist nicht gleichzusetzen einem sehr kleinen Elektrizitätsteilchen der alten Fluidumtheorie, sondern man legt jedem Elektron ein elektromagnetisches Feld im Maxwellschen Sinne bei.

§ 20. Gesetz von der Erhaltung der Elektrizität — Elektrostatik.

Nach der Elektronentheorie muß ein Gesetz der Erhaltung der Elektrizität existieren, gerade so wie wir ein Gesetz von der Erhaltung der Energie haben. Es kann Elektrizität weder willkürlich vernichtet, noch aus nichts erzeugt werden; denn die Zahl der positiven sowohl als der negativen Elektronen ist eine fix gegebene.

Die Lehre von der ruhenden Elektrizität, die Elektrostatik, kann vom Standpunkte der Elektronik in genau derselben Weise entwickelt werden, wie nach der Fluidumstheorie. Wir haben hier ein vollkommenes Analogon in der Theorie der wägbaren Materie. Es kommt bei der Hydrostatik auf ein und dasselbe hinaus, ob wir uns eine Flüssigkeit als Kontinuum vorstellen oder aus Molekeln bestehend, deren Zahl auch in kleinen Räumen eine derartig große ist, daß die Erscheinungen nicht als Erscheinungen der einzelnen Molekeln, sondern als Durchschnittsresultat einer sehr großen Zahl derselben anzusehen sind.

§ 21. Konstitution der Lösungen — Ionen — Elementarquantum.

Nach Clausius nimmt man an, daß sich im allgemeinen ein Elektrolyt, d. i. ein Salz, eine Säure oder eine Basis, welche wir in Wasser lösen, in zwei Teile spaltet, die sogenannten Ionen, deren einer positiv, deren anderer negativ elektrisch geladen ist. Es ist nicht nötig, daß sich die gesamte gelöste Substanz zerlegt, es ist sogar die Regel, daß nur ein Teil der Molekeln in Ionen zerfällt, welche wir in der Lösung als selbständig vorhanden annehmen müssen. So spaltet sich die Salzsäuremolekel HCl in einfache Wasserstoff- und Chlormolekeln, H und Cl, deren letztere negativ, erstere positiv geladen sind. Ebenso spaltet sich die Kochsalzmolekel NaCl in das positive Na-Ion und das negative Cl-Ion. In den genannten Fällen und ähnlichen, bei welchen die Ionen, wie man zu sagen pflegt, chemisch einwertig sind, nimmt man an, daß jedes Ion eine ganz bestimmte elektrische Ladung besitzt, die für alle Ionen denselben Wert hat, nur mit dem Unterschied, daß sie für das eine Ion, das Anion, negativ, für das Kation positiv ist.

Diese Ladung $+e$ oder $-e$, welche auf einem einwertigen Ion einer Molekel sitzt, stellen wir uns als die kleinstmögliche Elektrizitätsmenge vor. Wir haben hier also Elektronen (§ 19) vor uns. Speziell die Menge $+e$ oder $-e$ der Elektrizität, welche ein Elektron besitzt, nennen wir das „Elementarquantum" der Elektrizität.

§ 22. Elektrische Leitfähigkeit verdünnter Lösungen — Abhängigkeit von der Konzentration und der Temperatur.

In einem würfelförmigen Gefäß von der Kantenlänge 1 cm befinde sich eine verdünnte Lösung; das ist eine Lösung, die nur eine sehr geringe Menge des Elektrolyten in der Volumseinheit enthält. In solchen Lösungen denken wir uns alle gelösten Molekeln in ihre Ionen zerlegt. Wir sagen: das Salz ist vollständig dissoziiert.

Zwei gegenüberliegende Seiten unseres Würfels seien die Elektroden eines elektrischen Stromes. Zwischen denselben wird daher eine bestimmte elektrische Kraft $\mathfrak{E}$ vorhanden sein, welche jedes Kation mit der Kraft $\mathfrak{E} e$ zur Kathode, jedes Anion mit derselben Kraft zur Anode treibt. Infolge der Zähigkeit der Lösung finden die wandernden Ionen einen Widerstand, der proportional ihrer Geschwindigkeit ist (Bd. I, § 79). Letztere wird konstant, sobald der Widerstand, den die Ionen erfahren, gleich der Kraft ist, welche sie bewegt. Es wird somit die Maximalgeschwindigkeit, die übrigens praktisch in einer Zeit erreicht wird, welche wir vernachlässigen können, immer proportional $\mathfrak{E} e$ sein und wird außerdem von der Natur, und zwar wesentlich von der Größe des Ions abhängen.

Die Geschwindigkeit, mit welcher die positiven Teilchen, die Kationen, wandern, sei u_1, die der Anionen v_1. Sind N Molekeln in der Volumseinheit gelöst, so gelangen in dem von uns betrachteten Falle infolge der Wanderung der Kationen allein $N u_1$ Kationen in der Sekunde an die Kathode. Gleichzeitig entfernen sich die Anionen mit der Geschwindigkeit v_1 von der Kathode. Dadurch entsteht in der Sekunde an der Kathode ein von Anionen freier Raum von der Größe v_1, der also $N v_1$ freie Kationen und damit ebenfalls freie Elektrizität enthalten muß, welche an der Kathode neutralisiert wird. Es wird also in der Sekunde an die Kathode die Elektrizitätsmenge

$$(N u_1 + N v_1) e = N (u_1 + v_1) e$$

abgegeben. Dieselbe Menge geht durch die Anode scheinbar in die Lösung über, indem dort aus der Lösung die Menge $-N (u_1 + v_1) e$ frei wird und eine gleich große

Menge positive Elektrizität, die der Anode von außen zugeführt werden muß, neutralisiert. Das Ganze gestaltet sich also so, als würde die Lösung einfach von einem Strom von der Intensität $N(u_1 + v_1)e$ durchflossen.

Nach dem Ohmschen Gesetz (Bd. III, § 46) ist die Stromstärke

$$i = \frac{E}{w},$$

wenn wir unter E die elektromotorische Kraft, unter w den Widerstand des Leiters verstehen. Für unseren Fall ist

$$i = N(u_1 + v_1)e, \quad E = \mathfrak{E}$$

und w ist der Widerstand des Würfels von 1 cm Seitenlänge. Setzen wir

$$L = \frac{1}{w},$$

so verstehn wir unter L das spezifische Leitvermögen der Lösung. Wir können also auch die Gleichung bilden

$$N(u_1 + v_1)e = L\mathfrak{E}. \tag{10}$$

Nennen wir die Geschwindigkeit der Ionen beim Potentialgefälle Eins u bzw. v, so ist

$$u_1 + v_1 = (u + v)\mathfrak{E},$$

und es folgt aus Gleichung (10)

$$N(u + v)e = L.$$

Man pflegt u und v die Beweglichkeiten der Ionen, und zwar u jene des Kations, v die des Anions, zu nennen.

Die Zähigkeit verdünnter Lösungen ist von jener des Lösungsmittels wenig verschieden. Wir können daher für verdünnte Lösungen die Geschwindigkeiten u und v als unabhängig von der Konzentration N der Lösung annehmen. Setzen wir ferner voraus, daß alle gelösten Molekeln vollkommen dissoziiert sind, so ist die Leitfähigkeit L einer verdünnten Lösung einfach proportional der Konzentration.

Die Zähigkeit der Flüssigkeiten nimmt mit der Temperatur ab. Die Leitfähigkeit muß daher zunehmen, und zwar für verdünnte Lösungen desselben Lösungsmittels unabhängig von der Natur der gelösten Substanz. In der Tat zeigen die verdünnten wässerigen Lösungen, für welche unsere Voraussetzungen zutreffen, eine Abhängigkeit der Leitfähigkeit von der Temperatur, die für alle Lösungen dieselbe ist.

§ 23. Größe des Elementarquantums.

Wir sind in der Lage, die Größe des Elementarquantums der Elektrizität zu berechnen. Man kann ja die Elektrizitätsmenge bestimmen, welche eine Grammolekel eines Ions bei der Elektrolyse an die Elektrode abgibt. Man fand dafür 96500 Coulomb (Bd. III, § 64) oder 9650 absolute elektromagnetische Einheiten. Rechnen wir diese Elektrizitätsmenge in elektrostatisches Maß um, so haben wir die genannte Zahl mit $3 \cdot 10^{10}$ zu multiplizieren (Bd. III, § 63). Dividieren wir die abgegebene Elektrizitätsmenge durch die Loschmidtsche Zahl $6 \cdot 10^{23}$ (Bd. II, § 63), so erhalten wir die Größe der Ladung eines einwertigen Ions oder das Elementarquantum e der Elektrizität. Dafür ergibt sich also

$$e = \frac{9654 \cdot 3 \cdot 10^{10}}{6 \cdot 10^{23}} = 4{,}8 \cdot 10^{-10}$$

elektrostatische Einheiten (Bd. III, § 1).

Bewegt sich eine Kugel vom Radius r mit der Geschwindigkeit v in einer zähen Flüssigkeit vom Reibungskoeffizienten η (Bd. I, § 79), so erfährt sie nach Stokes einen Widerstand

$$W = 6\pi\eta r v.$$

Bewegt sie sich unter dem Einfluß der Schwere, so erlangt sie eine konstante Geschwindigkeit, wenn der Widerstand gleich ihrem Gewicht G vermindert um den Auftrieb geworden ist. Nennen wir die Masse der Kugel m, ϱ ihre Dichte, g die Schwerebeschleunigung, so ist

$$G = m g = \frac{4\pi}{3} r^3 \varrho g.$$

Lassen wir sehr kleine Kugeln, etwa Tröpfchen einer zerstäubten Flüssigkeit, in der Luft fallen, so können wir den Auftrieb vernachlässigen und gewinnen für die Fallgeschwindigkeit die Gleichung

$$G = \frac{4\pi}{3} r^3 \varrho g = 6\pi\eta r v.$$

Sind alle Größen bis auf r meßbar, so läßt sich dieses und somit auch das Gewicht G des Tröpfchens bestimmen.

Das Tröpfchen habe nun eine elektrische Ladung e und befinde sich in einem elektrischen Feld von der Stärke $\mathfrak{E}$, dessen Kraftlinien vertikal gerichtet sind, so daß eine Aufwärtsbewegung des Tröpfchens unter der Kraft $e\,\mathfrak{E}$ erfolgen würde. Wählen wir $\mathfrak{E}$ so, daß das Tröpfchen in Ruhe bleibt, so muß $e\,\mathfrak{E} = G$ sein. Bei bekanntem $\mathfrak{E}$ und G können wir die Ladung bestimmen.

Ähnliche Überlegungen benutzten Ehrenhaft und unabhängig von ihm Millikan, um in entsprechend gebauten Kondensatoren mikroskopisch kleine Kügelchen zu beobachten, die fast immer elektrisch geladen sind, auch ihre Ladung durch Aufnahme von Elektronen aus der Luft oder durch Abgabe an sie ändern.

Millikan fand an Öltröpfchen für das Elementarquantum

$$e = (4{,}774 \pm 0{,}004)\,10^{-10}\ \text{E. E.}$$

und daraus für die Loschmidtsche Zahl

$$6{,}062 \cdot 10^{23}.$$

§ 24. Die Hittorfschen Überführungszahlen — Geschwindigkeit der Ionen.

Wir denken uns einen prismatischen Trog (Fig. 7) von 2 cm Länge und 1 cm² Querschnitt. Die beiden Endflächen AA' und BB' seien die Elektroden eines Stromes. Das

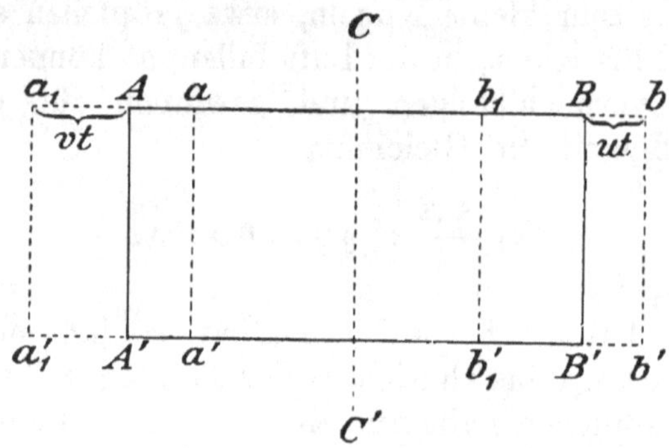

Fig. 7.

Potentialgefälle von A gegen B bezogen auf die Längeneinheit sei Eins. Es bewegen sich dann die Anionen mit der Geschwindigkeit v gegen A, die Kationen mit der Geschwindigkeit u gegen B. Die Zeit, während welcher der Strom durch die Lösung fließt, sei t. Es verschieben sich dabei sämtliche Kationen um die Strecke $u\,t$, sie befinden sich danach in dem Raume $aa'bb'$. Sämtliche Anionen wandern in der Richtung BA und legen in der Zeit t den Weg $v\,t$ zurück. Sie befinden sich nachher in dem Raume $a_1\,a_1'\,b_1\,b_1'$. Sind ursprünglich in der Volumseinheit N

Molekeln der gelösten Substanz, so hätten wir, vollkommene Dissoziation vorausgesetzt, nach der Zeit t unzerlegte Substanz nur innerhalb des Raumes $a\,a'\,b_1\,b_1'$, wenn sich die gelöste Substanz nicht durch Diffusion weiter verbreiten würde.

Trennen wir nun den Trog durch eine Wand CC' in zwei Hälften, so enthält die eine Hälfte $AA'\,CC'\;N(1-ut)$ Molekeln gelöste Substanz, die andere Hälfte $N(1-vt)$ Molekeln. Nennen wir die ursprüngliche Konzentration der Lösung C, C_a die mittlere Konzentration im Raume $AA'\,CC'$ und C_k die mittlere Konzentration in der Hälfte $CC'\,BB'$, so haben wir die Beziehung

$$C_a : C = N(1-ut) : N\,,$$

oder es ist

$$C_a = C(1-ut)\,.$$

In derselben Weise finden wir

$$C_k = C(1-vt)\,.$$

Oder es ist

$$u = \frac{C - C_a}{Ct}\,,\quad v = \frac{C - C_k}{Ct}\,. \tag{11}$$

Wir sind also in der Lage, die **absolute Geschwindigkeit der Ionen** zu bestimmen.

Hittorf, der sich hauptsächlich um die Klarlegung der Vorgänge bei der Elektrolyse verdient gemacht hat, bestimmte aus seinen Versuchen die Größe

$$n = \frac{v}{u+v}$$

und nannte n die **Überführungszahl**. Dieselbe wird nach den Gleichungen (11)

$$n = \frac{v}{u+v} = \frac{C - C_k}{2C - C_a - C_k}\,.$$

Da es sich bei der Überführungszahl nur um das Verhältnis der Geschwindigkeiten der Ionen handelt, so ist es gleichgültig, bei welcher elektromotorischen Kraft, Stromstärke und über welche Zeit die Versuche gemacht werden. Es handelt sich, wie aus der rechten Seite unserer Gleichung hervorgeht, nur um die Bestimmung der Konzentrationen C, C_a und C_k.

Im § 22 fanden wir für die Leitfähigkeit einer verdünnten Lösung

$$L = N e (u + v) .$$

Daraus folgt

$$u + v = \frac{L}{N e} .$$

Die Leitfähigkeit ist leicht zu messen, desgleichen ist die Größe $N e$ bestimmbar. Sie ist ja nichts anderes als die gesamte Elektrizität, welche das Kation in einem Kubikzentimeter der Lösung trägt. Diese Größe ist aber nach den Angaben des vorhergehenden Paragraphen aus der Konzentration der Lösung ohne weiteres zu bestimmen. Wir erhalten somit für die Überführungszahl

$$n = \frac{v}{u + v} = \frac{v N e}{L} ,$$

oder für die Geschwindigkeit

$$v = \frac{n L}{N e} ,$$

wobei alle Größen auf der rechten Seite der Gleichung der Messung zugänglich sind. Kennen wir v, so ist natürlich auch u durch den bekannten Wert von $u + v$ gegeben, Nach dieser Methode bestimmte F. Kohlrausch die Geschwindigkeit der Ionen. Für ein Potentialgefälle von einem Volt liegen sie etwa zwischen 0,003 und 0,0001 cm.

§ 25. Konzentrationsketten.

Lassen wir zwei Zinksulfatlösungen verschiedener Konzentration einander berühren, in welchen Zinkstäbe als Elektroden stecken, so erhalten wir ein galvanisches Element, dessen elektromotorische Kraft durch die verschiedene Konzentration der Lösungen verursacht wird. Man nennt daher solche Ketten Konzentrationsketten. Wir betrachten als Ursache des elektrischen Stromes das verschieden schnelle Diffundieren der Ionen nach den Stellen geringerer Konzentration. Legen wir senkrecht zum Konzentrationsgefälle eine Fläche, so wird durch dieselbe mehr Elektrizität von der einen Art hindurchgetrieben als von der entgegengesetzten, was direkt einer elektrischen Strömung entspricht.

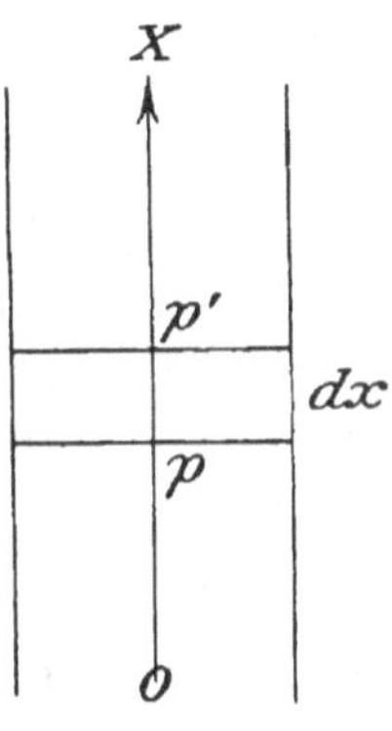

Fig. 8.

Um die Größe der elektromotorischen Kraft einer Konzentrationskette zu finden, wollen wir folgendermaßen verfahren. Wir denken uns einen vertikalen Zylinder (Fig. 8), welcher eine Lösung mit nach oben abnehmender Konzentration enthält. Die Diffusion wird daher nach oben in der Richtung der x-Achse stattfinden. Wir wollen ein Element des Zylinders von der Länge dx betrachten. An seiner unteren Fläche sei der osmotische Druck der Lösung p, an der oberen p'. Da sich die Konzentration stetig ändern muß, so können wir p' darstellen durch

$$p' = p + \frac{dp}{dx} dx,$$

oder

$$p - p' = - \frac{dp}{dx} dx.$$

Das ist die Kraft, welche auf die gelöste Substanz in dem Zylinderelement vom Volumen dx ausgeübt wird.

Haben wir im Zylinderelement eine Lösung von einer Konzentration, welche N Molekeln der gelösten Substanz im Kubikzentimeter enthält, so befinden sich $N\,dx$ Anionen und ebensoviel Kationen in dem Element dx, vorausgesetzt natürlich, daß wir wieder vollständige Dissoziation haben und sich jede Molekel des Elektrolyten in zwei einwertige Ionen zerlegt. Wir haben also im ganzen $2N\,dx$ freie Molekeln im Volumen dx. Auf sämtliche wirkt die Kraft $-\frac{dp}{dx}dx$, auf eine also

$$-\frac{1}{2N\,dx}\cdot\frac{dp}{dx}dx = -\frac{1}{2N}\cdot\frac{dp}{dx}.$$

Die Geschwindigkeit, welche ein Kation bei dem Potentialgefälle Eins erlangt, nannten wir u, jene des Anions v. Die Kraft, welche dabei auf die Ionen wirkt, ist e bzw. $-e$, da ja e die Ladung eines Ions ist. Erreicht also bei der Kraft e ein Kation die Geschwindigkeit u, so erlangt es bei der Kraft Eins die Geschwindigkeit $\frac{u}{e}$, bei der Kraft $-\frac{1}{2N}\cdot\frac{dp}{dx}$ die Geschwindigkeit $-\frac{1}{2N}\cdot\frac{dp}{dx}\cdot\frac{u}{e}$. Gleichzeitig besitzt das Anion die Geschwindigkeit $-\frac{1}{2N}\times\frac{dp}{dx}\cdot\frac{v}{e}$. Beide Geschwindigkeiten sind gleich gerichtet, da sie ja beide nur durch den osmotischen Druck erzeugt werden. Da in der Volumseinheit N Kationen und ebensoviel Anionen vorhanden sind, so erhalten wir die Zahl der Kationen, welche in der Sekunde den Querschnitt unseres Zylinders von unten nach oben passieren, wenn wir N mit der Geschwindigkeit multiplizieren. Diese

Zahl ist somit

$$N \cdot - \frac{1}{2N} \cdot \frac{dp}{dx} \cdot \frac{u}{e} = - \frac{1}{2} \frac{dp}{dx} \cdot \frac{u}{e} \cdot$$

Die Zahl der passierenden Anionen ist analog $-\frac{1}{2}\frac{dp}{dx}\cdot\frac{v}{e}\cdot$ Die Kationen tragen somit in der Sekunde die Elektrizitätsmenge

$$- \frac{1}{2} \frac{dp}{dx} \cdot \frac{u}{e} e = - \frac{1}{2} \frac{dp}{dx} u ,$$

die Anionen

$$- \frac{1}{2} \frac{dp}{dx} \cdot \frac{v}{e} \cdot - e = \frac{1}{2} \frac{dp}{dx} v$$

durch den Querschnitt des Zylinders. Die Stromstärke in der Richtung der x-Achse ist daher

$$i = - \frac{1}{2} \frac{dp}{dx} (u - v) .$$

Nach dem Ohmschen Gesetz (Bd. III, § 46) haben wir

$$i = \frac{dE}{dw} ,$$

wenn wir mit dE die elektromotorische Kraft auf der Strecke dx und mit dw den Widerstand des Zylinders von der Länge dx bezeichnen. Für unseren Fall ist somit

$$dE = i\, dw = - \frac{1}{2} \frac{dp}{dx} (u - v)\, dw .$$

Nennen wir den Widerstand der Längeneinheit w, so ist

$$dw = w\, dx .$$

Nach § 22 ist aber

$$w = \frac{1}{L} = \frac{1}{N e (u + v)} ,$$

folglich

$$dE = -\frac{1}{2}\frac{dp}{dx}(u-v)\cdot\frac{1}{Ne(u+v)}dx$$

$$= -\frac{u-v}{u+v}\cdot\frac{1}{2Ne}\frac{dp}{dx}dx\,.$$

Die Größe des osmotischen Druckes, welche ganz analog dem Gasdruck gefunden wird, ist nach der kinetischen Theorie (Bd. II, §§ 53 u. 70)

$$p = \frac{n\,m\,c^2}{3v}\,,$$

wenn n die Zahl der in der Lösung vorhandenen Molekeln der gelösten Substanz, m die Masse einer solchen Molekel, c deren thermische Geschwindigkeit und v das Volumen der Lösung bedeutet. In unserem Falle ist

$$\frac{n}{v} = 2N\,,$$

das ist die Zahl der Molekeln in der Volumseinheit, daher

$$p = \frac{2N\,m\,c^2}{3}$$

und

$$\frac{dp}{dx} = \frac{2m\,c^2}{3}\cdot\frac{dN}{dx}\,.$$

Danach wird

$$dE = -\frac{u-v}{u+v}\cdot\frac{m\,c^2}{3e}\cdot\frac{1}{N}\frac{dN}{dx}dx\,.$$

Integrieren wir jetzt über die ganze Länge des Zylinders,

so erhalten wir für die gesamte elektromotorische Kraft

$$
(12)\quad \begin{cases} E = -\dfrac{u-v}{u+v}\cdot\dfrac{m\,c^2}{3c}\displaystyle\int_0^l \frac{1}{N}\,\frac{dN}{dx}\,dx \\[2ex] \quad = -\dfrac{u-v}{u+v}\cdot\dfrac{m\,c^2}{3e}\,[\ln N]_0^l \\[2ex] \quad = -\dfrac{u-v}{u+v}\cdot\dfrac{m\,c^2}{3e}\ln\dfrac{N_1}{N_0} = \dfrac{m\,c^2}{3e}\cdot\dfrac{u-v}{u+v}\ln\dfrac{p_0}{p_1}. \end{cases}
$$

Wir können nämlich das Verhältnis der Konzentrationen am Anfang und am Ende der Lösung $\frac{N_0}{N_1}$ durch das Verhältnis der dort herrschenden osmotischen Drucke $\frac{p_0}{p_1}$ ersetzen.

Die Größe $\frac{m\,c^2}{3e}$ läßt sich experimentell bestimmen. Denken wir uns z. B. eine bestimmte Menge Wasserstoff elektrolytisch gewonnen, so wissen wir genau, welche Elektrizitätsmenge wir dazu brauchen. Haben wir n Atome abgeschieden, so benötigte dies eine Elektrizitätsmenge

$$M = n\,e\,.$$

Denken wir uns nun diesen abgeschiedenen Wasserstoff, der, wenn er die Elektrizität abgegeben hat, aus zweiatomigen Molekeln besteht, auf einen Kubikzentimeter zusammengepreßt, so haben wir in diesem Volumen $\frac{n}{2}$ Molekeln, welche einen Gasdruck

$$p = \frac{\frac{n}{2}\,m\,c^2}{3}$$

erzeugen. Nun ist

$$\frac{p}{M} = \frac{n m c^2}{6 n e} = \frac{1}{2} \frac{m c^2}{3 e},$$

oder es ist

$$\frac{m c^2}{3 e} = \frac{2 p}{M} = \frac{2 p_0 (1 + \alpha t)}{M} = \frac{2 p_0 \alpha}{M} \left(\frac{1}{\alpha} + t\right)$$

$$= \frac{2 p_0 \alpha}{M} T = a T,$$

wobei also a ein experimentell bestimmbarer Faktor und T die absolute Temperatur ist. Die elektromotorische Kraft einer Konzentrationskette ist nach Gleichung (12) somit

$$E = a \frac{u - v}{u + v} T \ln \frac{p_0}{p_1}.$$

Messen wir die elektromotorische Kraft durch Volt und führen wir den Briggsschen Logarithmus von $\frac{p_0}{p_1}$ ein, so wird $a = 0{,}0002$.

§ 26. Der elektrische Strom — Rowlandeffekt — Elementarstrom.

Kommen Elektronen nach irgendeiner Richtung in Bewegung, so entsteht ein elektrischer Strom. Dieser ist im wesentlichen also ein sogenannter Konvektionsstrom. Es war daher für die Elektronentheorie sehr wichtig, daß Rowland den Nachweis geliefert hat, daß mechanisch bewegte Elektrizität sich gerade so verhält wie ein gewöhnlicher galvanischer Strom, indem eine rotierende elektrisch geladene Scheibe die Magnetnadel ebenso ablenkt wie ein Kreisstrom.

Unter der Stromstärke verstehen wir natürlich wie immer die Elektrizitätsmenge, welche in der Zeiteinheit den Querschnitt eines Leiters passiert. Nehmen wir an, wir hätten in der Volumseinheit des Leiters N Elektronen. v sei ihre Geschwindigkeit bei der Bewegung durch den Leiter, q der Querschnitt des Leiters, so ist $q N v$ die Zahl der Elektronen, die in der Sekunde den Querschnitt passieren, und $N q v e = i$ die Stromstärke, da ja $N q v e$ die in der Zeiteinheit passierende Elektrizitätsmenge darstellt. Für ein lineares Stromelement $i\,ds$ erhalten wir die Gleichung

$$i\,ds = N q v e\,ds\,.$$

$N q\,ds$ ist nun nichts anderes als die Zahl der Elektronen, deren Wirkungen nach außen, d. h. ihre elektromagnetischen Felder sich einfach addieren. $e v$ können wir daher füglich einen Elementarstrom nennen. Seine Stärke ist also proportional dem Elementarquantum e und der Geschwindigkeit v des Elektrons.

§ 27. Energie des Elementarstroms.

Ist die Intensität eines magnetischen Feldes in irgendeinem Punkte $\mathfrak{H}$, so folgt für die Energie in der Volumseinheit des Feldes an diesem Punkte die Größe

$$E = \frac{8\pi}{\mu}\mathfrak{H}^2$$

(Bd. III, § 37).

Die Wirkung eines elektrischen Stromes können wir uns immer zusammengesetzt denken aus der Wirkung der einzelnen Stromelemente. Ein Stromelement $i\,ds$, welches von einem bestimmten Punkte M um die Strecke r entfernt ist und mit r den Winkel ϑ einschließt, erzeugt in M

(Bd. III, § 39) eine magnetische Kraft $\frac{i\,ds\sin\vartheta}{r^2}$. In dem Volumelement $d\tau$ im Punkte M wird daher die magnetische Energie

$$\frac{i^2\,(ds)^2\sin^2\vartheta}{8\,\pi\,r^4}\,d\tau$$

vorhanden sein, falls im Punkte M sich eine Substanz von der magnetischen Induktionskonstante Eins befindet. Ist dieselbe μ, so ist die Energie

$$dE = \frac{\mu\,i^2\,(ds)^2\sin^2\vartheta}{8\,\pi\,r^4}\,d\tau\,.$$

Denken wir uns anstatt $i\,ds$ einen Elementarstrom $e\,v$ (§ 26), so wird

(13) $$dE = \frac{\mu\,e^2\,v^2\sin^2\vartheta}{8\,\pi\,r^4}\,d\tau\,.$$

Wollen wir die gesamte Energie eines solchen Elementarstromes kennen lernen, so müssen wir bestimmte Annahmen machen, über welchen Raum dE zu integrieren ist. Wir wollen daher voraussetzen, wir hätten es mit einer kleinen Kugel vom Radius a mit der Geschwindigkeit v zu tun, deren Ladung e gleichförmig über die Oberfläche der Kugel verteilt ist. Die Kugel bewege sich in der Richtung $O\,v$ (Fig. 9). Die Ladung der Kugel wirkt nach außen so, als wäre ihre Elektrizität im Mittelpunkte vereinigt. Nach innen ist die Wirkung gleich Null (Bd. III, § 3). Wir werden daher auch annehmen können, daß die magnetische Wirkung sich nur auf den Raum außerhalb der Kugel bezieht. Im Punkte M in der Entfernung r von O werden wir in dem Volumenelement $d\tau$ daher jene magnetische Energie haben, welche durch die Gleichung (13) gegeben ist.

Denken wir uns nun r um dr, ϑ um $d\vartheta$ vergrößert, so beschreibt der Punkt M die Seiten dr und $r\,d\vartheta$ eines unendlich kleinen Rechtecks, dessen Fläche sonach $r\,dr\,d\vartheta$ ist. Nun soll die ganze Fig. 9 um $O\,v$ als Achse rotieren, so wird M einen Kreis beschreiben vom Halbmesser $r \sin\vartheta$, also vom Umfang $2\pi r \sin\vartheta$, und das Flächenelement $r\,dr\,d\vartheta$ hinterläßt als Spur ein Volumelement von der

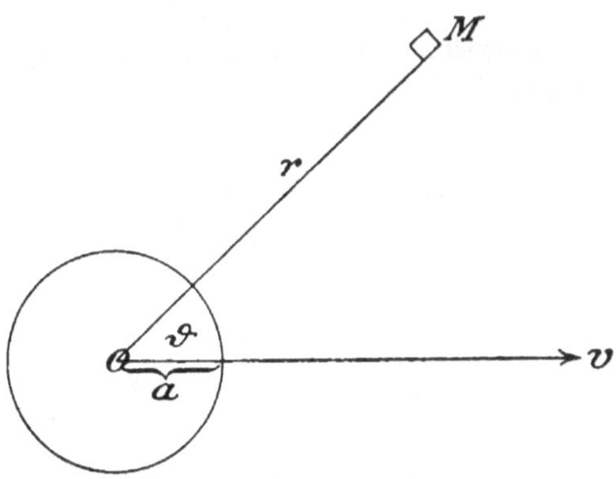

Fig. 9.

Größe $2\pi r^2 \sin\vartheta\, d\vartheta\, dr$. In diesem Volumelement haben wir die konstante Energiedichte $\frac{\mu e^2 v^2 \sin^2\vartheta}{8\pi r^4}$. Die darin enthaltene Energie ist daher

$$dE = \frac{\mu e^2 v^2 \sin^2\vartheta}{8\pi r^4} \cdot 2\pi r^2 \sin\vartheta\, d\vartheta\, dr$$

$$= \frac{\mu e^2 v^2 \sin^3\vartheta\, d\vartheta\, dr}{4 r^2}.$$

Wollen wir nun die gesamte Energie wissen, welche die bewegte Kugel im Raume besitzt, so haben wir einfach dE über den unendlichen Raum, das ist nach r von

a bis ∞, nach ϑ von 0 bis π zu integrieren. Die Integration nach r ergibt

$$\frac{\mu e^2 v^2 \sin^3 \vartheta \, d\vartheta}{4} \int_a^\infty \frac{dr}{r^2} = \frac{\mu e^2 v^2 \sin^3 \vartheta \, d\vartheta}{4} \left[-\frac{1}{r} \right]_a^\infty$$

$$= \frac{\mu e^2 v^2 \sin^3 \vartheta \, d\vartheta}{4 a} .$$

Integrieren wir diesen Ausdruck noch nach ϑ, so erhalten wir die gesamte Energie

$$E = \frac{\mu e^2 v^2}{4 a} \int_0^\pi \sin^3 \vartheta \, d\vartheta = \frac{\mu e^2 v^2}{4 a} \int_0^\pi (1 - \cos^2 \vartheta) \sin \vartheta \, d\vartheta$$

$$= \frac{\mu e^2 v^2}{4 a} \left[\int_0^\pi \sin \vartheta \, d\vartheta - \int_0^\pi \cos^2 \vartheta \sin \vartheta \, d\vartheta \right]$$

$$= \frac{\mu e^2 v^2}{4 a} \left[2 + \left(\frac{\cos^3 \vartheta}{3} \right)_0^\pi \right] = \frac{\mu e^2 v^2}{4 a} \left(2 - \frac{2}{3} \right) = \frac{\mu e^2 v^2}{3 a} .$$

Wir wollen nun annehmen, unsere Kugel habe die Masse m, ihre kinetische Energie ist sonach $\frac{m v^2}{2}$. Gleichzeitig besitzt sie infolge ihrer Ladung die Energie $\frac{\mu e^2 v^2}{3 a}$. Die Gesamtenergie ist somit

$$\frac{v^2}{2} \left(m + \frac{2 \mu e^2}{3 a} \right) .$$

Die Kugel wird sich also unter dem Einfluß äußerer Kräfte so bewegen, als hätte sie die Gesamtmasse $m + \frac{2 \mu e^2}{3 a}$.

Denken wir uns die gravitierende Masse unendlich klein, so wird sich die Kugel trotzdem nach den Regeln der Mechanik bewegen, als hätte sie die Masse $\frac{2\mu e^2}{3a}$, die man zum Unterschied von der „mechanischen" die „elektromagnetische Masse" nennt. Diese Anschauungsweise können wir auch auf die Elektronen übertragen. Ob sie nun mit Massenatomen fix verbunden auftreten oder vollkommen frei, immer werden sie sich so bewegen, als hätten sie eine bestimmte Masse.

§ 28. Elektrostatische Ablenkung der Kathodenstrahlen in der Braunschen Röhre.

Wir gehen von der Voraussetzung aus, die Kathodenstrahlen seien nichts anderes als von der Kathode

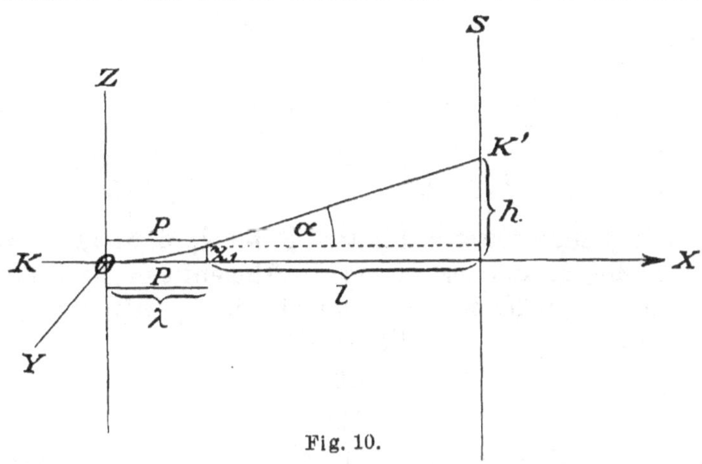

Fig. 10.

ausgeschleuderte negative Elektronen. Ein solches Elektron wird sich demnach mit einer gewissen Geschwindigkeit v im Raume vorwärts bewegen. In der Braunschen Röhre ist nun eine derartige Anordnung getroffen, daß ein dünnes Bündel Kathodenstrahlen KK' (Fig. 10) zwischen zwei verschieden elektrisch geladenen Metallplatten PP hindurchgeht und so eine Ablenkung von seinem ursprünglich geradlinigen Wege erfährt. Diese Ablenkung h kann auf einem Fluoreszenzschirme S gemessen werden. Zwischen den Kondensatorplatten P sei die elektrische Kraft

$$Z = -\mathfrak{E}$$

vorhanden. Das heißt, die Kraft $\mathfrak{E}$ ist von oben nach unten gerichtet. Die negativen Elektronen erfahren daher eine Ablenkung h nach oben. Die Elektronen sollen mit der Geschwindigkeit v parallel zur x-Achse in das elektrische Feld eintreten. Für die Gleichungen des vorigen Paragraphen ist daher zu jeder Zeit

$$m \frac{d^2 z}{dt^2} = e\,\mathfrak{E},$$

ferner

$$\frac{dx}{dt} = a = v, \qquad \frac{dz}{dt} = \frac{e\,\mathfrak{E}}{m}\,t,$$

$$x = v\,t, \qquad z = \frac{e\,\mathfrak{E}}{2m}\,t^2.$$

Die Länge unserer Platten P sei λ, d. h. für $x = \lambda$ sollen die Elektronen in ein kraftlinienfreies Feld übertreten. Sie müssen sich dann geradlinig weiterbewegen. Für $x = \lambda$ sei $z = z_1$. Es ist somit

$$z_1 = \frac{e\,\mathfrak{E}}{2m}\,t_1^2,$$

wenn t_1 die Zeit ist, welche die Elektronen zum Durcheilen des Kondensators brauchen. Es ist also auch $\lambda = v\,t_1$ oder $t_1 = \frac{\lambda}{v}$, mithin

$$z_1 = \frac{e\,\mathfrak{E}\,\lambda^2}{2m\,v^2}.$$

In der Entfernung l von den Kondensatorplatten befinde sich der Schirm S. Schließt der geradlinige Teil des Kathodenstrahles mit der OX den Winkel α ein, so ist die Ablenkung

$$h = z_1 + l \operatorname{tg} \alpha .$$

Es ist aber $\operatorname{tg} \alpha = \frac{dz}{dx}$, was wir erhalten, wenn wir für $t = t_1$ $\frac{dz}{dt}$ durch $\frac{dx}{dt}$ dividieren. Dies ergibt

$$\operatorname{tg} \alpha = \frac{e \mathfrak{E}}{m v} t_1 = \frac{e \mathfrak{E} \lambda}{m v^2}$$

oder

$$h = \frac{e \mathfrak{E} \lambda l}{m v^2} + \frac{e \mathfrak{E} \lambda^2}{2 m v^2} = \frac{e \mathfrak{E} \lambda}{m v^2} \left(l + \frac{\lambda}{2} \right) .$$

Wir sind also durch einen elektrostatischen Ablenkungsversuch der Kathodenstrahlen imstande, die Größe

$$\frac{e}{m v^2} = \frac{h}{\mathfrak{E} \lambda \left(l + \frac{\lambda}{2} \right)}$$

zu bestimmen. Das heißt, wir können das Verhältnis der elektrischen Ladung zum Produkt aus Masse und Geschwindigkeitsquadrat eines Elektrons bestimmen, oder es ist uns das Verhältnis der Ladung zur kinetischen Energie des Elektrons bekannt.

§ 29. Elektronen im magnetischen Felde.

Wir denken uns ein Stromelement $i\,ds$, welches parallel den drei Achsen eines rechtwinkligen Koordinatensystems die Projektionen $i\,dx$, $i\,dy$, $i\,dz$ hat. Es befinde sich in einem magnetischen Felde, dessen Intensität die Komponenten α, β, γ besitzt. Die Kraft, welche dann $i\,ds$ erfährt, besitzt die Komponenten

$$A = i\,(\beta\,dz - \gamma\,dy)\,,$$
$$B = i\,(\gamma\,dx - \alpha\,dz)\,,$$
$$C = i\,(\alpha\,dy - \beta\,dx)$$

(Bd. III, § 47).

Setzen wir anstatt des Stromelementes $i\,ds$ den Elementarstrom eines Elektrons $e\,v$, so wird

$$i\,dx = e\frac{dx}{dt}, \quad i\,dy = e\frac{dy}{dt}, \quad i\,dz = e\frac{dz}{dt},$$

wenn wir unter $\frac{dx}{dt}$, $\frac{dy}{dt}$, $\frac{dz}{dt}$ die Komponenten der Geschwindigkeit v verstehen. Danach ergibt sich weiter

$$(14) \quad \begin{cases} A = e\left(\beta\frac{dz}{dt} - \gamma\frac{dy}{dt}\right), \\ B = e\left(\gamma\frac{dx}{dt} - \alpha\frac{dz}{dt}\right), \\ C = e\left(\alpha\frac{dy}{dt} - \beta\frac{dx}{dt}\right). \end{cases}$$

Hat ein Elektron die Masse m, so werden wir für die Bewegung desselben die Gleichungen haben

$$(15) \quad m\frac{d^2 x}{dt^2} = A, \quad m\frac{d^2 y}{dt^2} = B, \quad m\frac{d^2 z}{dt^2} = C,$$

wobei A, B und C mit der Feldstärke wie auch mit der Geschwindigkeit des Elektrons veränderlich sind, so daß im allgemeinen der Weg eines Elektrons in einem magnetischen Felde ein sehr komplizierter sein wird.

Für ein homogenes Feld sind die Gleichungen jedoch leicht lösbar. Nehmen wir z. B. an, die Kraftlinien des magnetischen Feldes seien parallel zur x-Achse. Es ist also

$$\alpha = \mathfrak{H}, \quad \beta = \gamma = 0.$$

Zur Zeit $t = 0$ befinde sich das Elektron an einem Punkte, für welchen $x = y = 0$ ist, d. h. es passiert gerade die z-Achse in einer Höhe z_0, die wir einstweilen noch unbestimmt lassen. Zur Zeit $t = 0$ habe ferner das Elektron die Geschwindigkeitskomponenten

$$\frac{dx}{dt} = a, \quad \frac{dy}{dt} = b, \quad \frac{dz}{dt} = 0.$$

Es bewegt sich also zu dieser Zeit parallel zur (x, y)-Ebene. Unter den gemachten Annahmen folgt aus den Gleichungen (14) und (15)

$$(16) \quad \frac{d^2 x}{dt^2} = 0, \quad \frac{d^2 y}{dt^2} = -\frac{\mathfrak{H} e}{m} \frac{dz}{dt}, \quad \frac{d^2 z}{dt^2} = \frac{\mathfrak{H} e}{m} \frac{dy}{dt}.$$

Durch Integration ergeben diese Gleichungen

$$\frac{dx}{dt} = a, \quad \frac{dy}{dt} = -\frac{\mathfrak{H} e}{m} z + b_1, \quad \frac{dz}{dt} = \frac{\mathfrak{H} e}{m} y + c_1.$$

Da die Geschwindigkeit parallel zur x-Achse von der Zeit unabhängig ist, so muß sie natürlich gleich der von uns gewählten Anfangsgeschwindigkeit a sein. Die Höhe z_0 wollen wir nun so wählen, daß die Konstante b_1 gleich Null wird. Da für $t = 0$, $\frac{dy}{dt} = b$ angenommen wurde, so folgt

$$b = -\frac{\mathfrak{H} e}{m} z_0$$

oder

$$z_0 = -\frac{m b}{\mathfrak{H} e}.$$

Schließlich ergibt sich aus unseren Voraussetzungen, daß auch die Integrationskonstante c_1 gleich Null sein muß.

Somit bleiben uns für y und z die Beziehungen

$$\frac{dy}{dt} = -\frac{\mathfrak{H} e}{m} z\,, \qquad \frac{dz}{dt} = \frac{\mathfrak{H} e}{m} y\,.$$

Setzen wir diese Werte für $\frac{dy}{dt}$ und $\frac{dz}{dt}$ in die Gleichungen (16) ein, so erhalten wir

$$(17) \qquad \frac{d^2 y}{dt^2} = -\frac{\mathfrak{H}^2 e^2}{m^2} y\,, \quad \frac{d^2 z}{dt^2} = -\frac{\mathfrak{H}^2 e^2}{m^2} z\,.$$

Diese zwei Gleichungen besagen, daß die Koordinaten y und z harmonische Funktionen der Zeit sind (Bd. I, § 9). Da für $t = 0$ auch $y = 0$ sein muß, so können wir

$$y = G \sin \varepsilon t$$

setzen. Daraus folgt

$$\frac{d^2 y}{dt^2} = -G \varepsilon^2 \sin \varepsilon t$$

und nach der ersten der Gleichungen (17)

$$\varepsilon = \frac{\mathfrak{H} e}{m}\,,$$

folglich

$$y = G \sin \frac{\mathfrak{H} e}{m} t\,.$$

Da nun $\frac{dy}{dt} = -\frac{\mathfrak{H} e}{m} z$, so auch

$$\frac{G \mathfrak{H} e}{m} \cos \frac{\mathfrak{H} e}{m} t = -\frac{\mathfrak{H} e}{m} z\,,$$

oder

$$z = -G \cos \frac{\mathfrak{H} e}{m} t\,.$$

Es ergibt sich ferner

$$y^2 + z^2 = G^2\,,$$

oder die orthogonale Projektion der Bahn des Elektrons auf die (y, z)-Ebene ist ein Kreis vom Halbmesser G. Für $y = 0$ wird $z = \pm G$. Es muß also auch

$$G = -z_0 = \frac{m b}{\mathfrak{H} e}$$

sein.

Der Halbmesser des Kreises ist, abgesehen von den konstanten Größen $\mathfrak{H}$, e und m, wesentlich bedingt durch die Geschwindigkeit b, welche zu Beginn das Elektron parallel zur y-Achse besitzt. Bilden wir die Summe $\left(\frac{dy}{dt}\right)^2 + \left(\frac{dz}{dt}\right)^2$, so erhalten wir das Quadrat der Geschwindigkeit, welche das Elektron senkrecht zur x-Achse oder senkrecht zu den mit der x-Achse gleichgerichteten magnetischen Kraftlinien besitzt. Nach dem Obigen ist diese Summe

$$\frac{G^2 \mathfrak{H}^2 e^2}{m^2} = \frac{m^2 b^2}{\mathfrak{H}^2 e^2} \cdot \frac{\mathfrak{H}^2 e^2}{m^2} = b^2 .$$

Die Geschwindigkeit selbst ist also gleich b, sie ist konstant und gleich der Anfangsgeschwindigkeit parallel zur y-Achse. Das Elektron bewegt sich also parallel zur x-Achse mit der konstanten Geschwindigkeit a, parallel zur (y, z)-Ebene beschreibt es Kreislinien mit der konstanten Geschwindigkeit b. Die Bahn des Elektrons in einem homogenen magnetischen Felde ist eine Schraubenlinie, die zur Kreislinie wird, wenn anfangs keine Geschwindigkeit des Elektrons in der Richtung der magnetischen Kraftlinien vorhanden ist. Die Geschwindigkeit des Elektrons $v = \sqrt{a^2 + b^2}$ wird durch das magnetische Feld nicht geändert. Das gilt übrigens für jedes beliebige magnetische Feld, da die

Kraftwirkung desselben ja immer senkrecht zur Bewegungsrichtung steht, eine Beschleunigung in dieser, mithin eine Vermehrung der Geschwindigkeit des Elektrons nie hervorgebracht werden kann.

§ 30. Magnetische Ablenkung der Kathodenstrahlen.

Ein dünnes Bündel Kathodenstrahlen passiere ein homogenes magnetisches Feld, dessen Kraftlinien senkrecht zur Bildebene (Fig. 11) stehen sollen, die wir gleichzeitig zur (x, z)-Ebene eines rechtwinkligen Koordinaten-

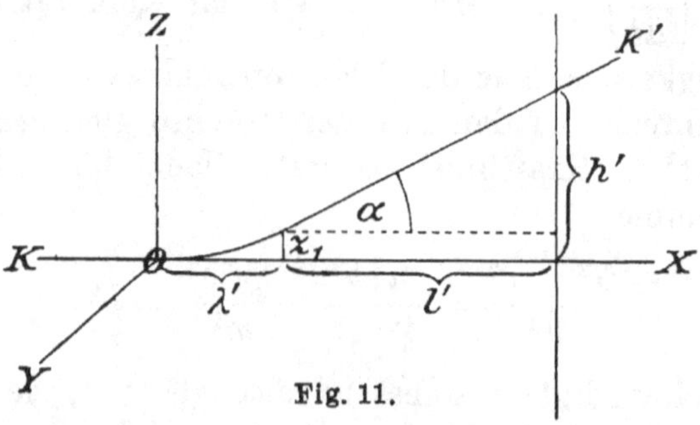

Fig. 11.

systems machen. Die Kraftlinien sind also parallel zur y-Achse, sollen aber entgegengesetzt gerichtet sein. Das homogene magnetische Feld von der Intensität $\mathfrak{H}$ reiche von der (y, z)-Ebene bis zu einer parallelen im Abstand λ'. Das Kathodenstrahlenbündel KK' soll in seiner Anfangsrichtung mit der x-Achse zusammenfallen. Wenn es die (y, z)-Ebene bei O passiert, tritt es in das magnetische Feld und erfährt eine Ablenkung nach oben, indem es nach dem vorigen Paragraphen jetzt eine Kreisbahn vom Radius

$$r = \frac{m v}{\mathfrak{H} e}$$

beschreibt. Unter v verstehen wir also die Geschwindigkeit der Kathodenstrahlen.

Die Höhe z_1, welche die Strahlen beim Verlassen des magnetischen Feldes erlangt haben, finden wir leicht aus Fig. 12. Es ist

$$z_1 = r - \overline{AB}.$$

Nach dem Pythagoreischen Lehrsatz ist aber

$$AB = \sqrt{r^2 - \lambda'^2} = r\sqrt{1 - \left(\frac{\lambda'}{r}\right)^2} = r\left(1 - \frac{1}{2}\frac{\lambda'^2}{r^2}\right).$$

Wir haben also bei der Entwicklung die höheren Glieder der unendlichen Reihe vernachlässigt, was wir für die geringe Ablenkung, welche in praktischen Fällen vorkommt, ohne weiteres tun können. Es ist also die Höhe

$$z_1 = r - r\left(1 - \frac{1}{2}\frac{\lambda'^2}{r^2}\right)$$

$$= \frac{1}{2}\frac{\lambda'^2}{r}.$$

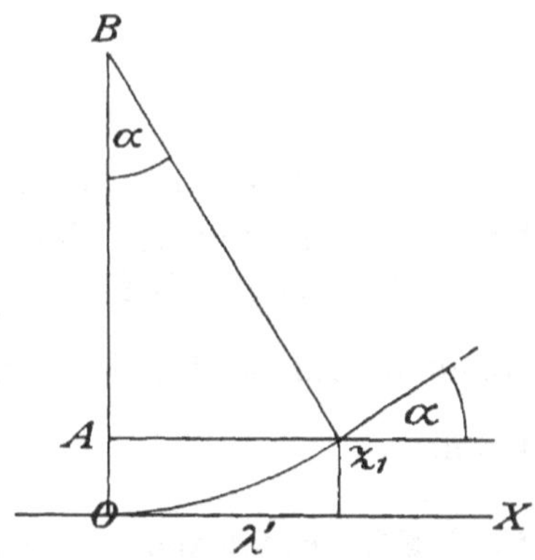

Fig. 12.

Befindet sich (Fig. 11) in der Entfernung l' vom magnetischen Felde ein Fluoreszenzschirm, so können wir die Ablenkung h' der Kathodenstrahlen ablesen. Diese ist aber

$$h' = z_1 + l' \operatorname{tg} \alpha,$$

wobei α (Fig. 12) der Winkel ist, den die beiden Radien einschließen, welche zum Anfangs- und Endpunkte der Kreisbahn der Kathodenstrahlen gehören. Nach unseren Voraussetzungen muß aber α ein kleiner Winkel sein. Es kann daher die Tangente durch den Sinus ersetzt werden,

d. h. wir können

$$\operatorname{tg} \alpha = \frac{\lambda'}{r}$$

einführen. Damit wird

$$h' = z_1 + \frac{l'\lambda'}{r} = \frac{1}{2}\frac{\lambda'^2}{r} + \frac{l'\lambda'}{r} = \frac{\lambda'}{r}\left(l' + \frac{\lambda'}{2}\right)$$

$$= \frac{\mathfrak{H}\, e\, \lambda'}{m\, v}\left(l' + \frac{\lambda'}{2}\right)$$

oder

$$\frac{e}{m\, v} = \frac{h'}{\mathfrak{H}\, \lambda'\left(l' + \frac{\lambda'}{2}\right)}.$$

Auf der linken Seite dieser Gleichung haben wir eine Größe, welche nur von den Eigenschaften der Elektronen abhängt. Rechts sind Größen, die alle der Messung zugänglich sind, so daß der Ausdruck $\frac{e}{m\, v}$ bestimmt werden kann.

§ 31. Geschwindigkeit der Kathodenstrahlen — Verhältnis der Ladung zur Masse des Elektrons.

Aus der elektrostatischen Ablenkung der Kathodenstrahlen fanden wir (§ 28) die Gleichung

$$\frac{e}{m\, v^2} = \frac{h}{\mathfrak{E}\, \lambda\left(l + \frac{\lambda}{2}\right)},$$

aus der magnetischen Ablenkung im vorhergehenden Paragraphen

$$\frac{e}{m\, v} = \frac{h'}{\mathfrak{H}\, \lambda'\left(l' + \frac{\lambda'}{2}\right)}.$$

Dividieren wir diese Gleichung durch die erste, so erhalten wir

$$v = \frac{\mathfrak{E}\lambda\left(l+\frac{\lambda}{2}\right)h'}{\mathfrak{H}\lambda'\left(l'+\frac{\lambda'}{2}\right)h}.$$

Wir sind somit in der Lage, die Geschwindigkeit der Kathodenstrahlen experimentell zu bestimmen. Auf diese Weise hat man erkannt, daß die Geschwindigkeit der Kathodenstrahlen sehr variieren kann. Sie kann bis in die Nähe der Lichtgeschwindigkeit gebracht werden.

Quadrieren wir die zweite der obigen Gleichungen und dividieren wir sie durch die erste, so erhalten wir

$$\frac{e}{m} = \frac{\mathfrak{E}\lambda\left(l+\frac{\lambda}{2}\right)h'^2}{\mathfrak{H}^2\lambda'^2\left(l'+\frac{\lambda'}{2}\right)^2 h}.$$

Wir können also auch das Verhältnis der Ladung zur Masse eines Elektrons berechnen, eine Größe, die ungefähr 10^7 elektromagnetische (Bd. III, § 63) oder genauer $5{,}304 \cdot 10^{17}$ elektrostatische Einheiten beträgt. Mit dem Wert von e (§ 23) erhält man schließlich für die Masse des Elektrons $m = 9 \cdot 10^{-28}$ g.

§ 32. Kinetische Energie des Elektrons.

Bringen wir eine elektrische Masse e in ein elektrisches Feld und gelangt sie von einem Punkte mit dem Potential V_1 zu einem anderen vom Potential V_2, so haben die elektrischen Kräfte des Feldes dabei die Arbeit

$$A = e\,(V_1 - V_2)$$

geleistet (Bd. III, § 19). Ist nun e ein Elektron, so wird es dabei seine kinetische Energie um einen Betrag vergrößern, welcher gleich der von den elektrischen Kräften geleisteten Arbeit ist. Nehmen wir z. B. an, das Elektron sei ursprünglich in Ruhe und gehe von einem Punkte mit dem Potential V aus, komme jedoch sodann in einen Raum vom Potential Null, so leisten die elektrischen Kräfte die Arbeit $e\,V$. Die erlangte kinetische Energie muß dieser Größe gleich sein. Wir erhalten somit die Gleichung

$$\frac{m\,v^2}{2} = e\,V$$

oder

$$\frac{e}{m\,v^2} = \frac{1}{2\,V}.$$

Dieselbe Größe, welche wir (§ 28) durch die elektrostatische Ablenkung der Kathodenstrahlen bestimmen konnten, läßt sich also auch auf anderem Wege gewinnen. Erzeugen wir z. B. die Kathodenstrahlen mit der Influenzmaschine, so sind wir in der Lage, das Potential der Kathode zu bestimmen, und können dann, wenn die Elektronen in einen Raum vom Potential Null gehen, die letzte Gleichung benützen, um $\frac{e}{m\,v^2}$ zu bestimmen. Machen wir dazu noch die magnetische Ablenkung (§ 29), welche uns $\frac{e}{m\,v}$ gibt, so können wir wieder $\frac{e}{m}$ und v berechnen. Auch nach dieser Methode wurden Werte erhalten, die mit den früher angeführten übereinstimmen.

§ 33. Die Wärmeleitung in Metallen.

Wenn wir das Wärmeleitungsvermögen nichtmetallischer Körper, z. B. Glas, Marmor, Schiefer, Kreide usw., mit jenem des Wassers und anderer Flüssigkeiten vergleichen, so finden wir, daß es für alle Substanzen von ungefähr derselben Größenordnung ist. Stellen wir uns die Wärmeleitung als eine Übertragung von Energie durch die Bewegung der Molekeln vor, wie wir es bei den Gasen (Bd. II, § 61) getan haben, so ist dieses Verhalten nur natürlich, da wir ja sowohl bei den festen als flüssigen Körpern annehmen müssen, daß die Molekeln sehr nahe aneinander liegen, ihre Wärmebewegung sich also auf sehr kleine Räume beschränken und der Wärmetransport sich für beide Aggregatzustände in ähnlicher Weise vollziehen muß. Vergleichen wir aber mit dem Wärmeleitungsvermögen der genannten festen und flüssigen Körper jenes der Metalle, deren Molekularkonstitution wir wohl ähnlich wie jene anderer fester Körper annehmen müssen, so zeigt sich, daß sie durchaus nicht ein ähnliches, sondern ein weitaus größeres Wärmeleitungsvermögen besitzen. So leitet das Kupfer die Wärme fast tausendmal besser als das Wasser. Es ist ferner auffallend, daß auch bezüglich der Elektrizitätsleitung wir die früher genannten Körper als Isolatoren, die Metalle hingegen als sehr gute Leiter der Elektrizität kennen.

Es liegt nun nahe, die Elektrizitätsleitung den in den Metallen vorhandenen Elektronen zuzuschreiben. Ferner steht zu vermuten, daß, falls Elektronen vorhanden sind, sie auch an der Wärmeleitung teilnehmen werden, und es ergab die nähere Untersuchung, daß wir in der Tat das abnorm hohe Wärmeleitungsvermögen der Metalle zum großen Teile den Elektronen zuschreiben müssen, während wir infolge der bloßen Molekularbewegung nur Wärmeleitungsfähigkeiten von der Größenordnung der Nichtmetalle erhalten könnten. Wir wollen daher jenen Teil der Wärmeleitungsfähigkeit berechnen, der den Elektronen zugeschrieben werden muß, und dagegen den Anteil, den die Molekularbewegung hat, vernachlässigen.

Wir stellen uns ein Metall folgendermaßen vor: Im unelektrischen Zustande muß es ebensoviel positive als negative Elektronen enthalten, und zwar seien die positiven fix an die Körperatome gebunden, während die negativen sich zum Teil völlig frei zwischen den Metallatomen bewegen können wie die Molekeln eines Gases in einem porösen Körper. Den größeren Teil der negativen Elektronen haben wir als „gebunden" anzusehen. Wie bei den Gasmolekeln (Bd. II, § 54) sei die mittlere kinetische Energie eines negativen Elektrons durch die Temperatur bestimmt. Um die Rechnung zu vereinfachen, sei angenommen, sämtliche Elektronen besitzen dieselbe Geschwindigkeit c. Die kinetische Energie eines Elektrons ist somit

$$\frac{m c^2}{2} = \frac{m c_0^2}{2} (1 + \alpha t) ,$$

wenn wir unter α den Ausdehnungskoeffizienten der Gase verstehen. Führen wir die absolute Temperatur T ein, so können wir auch schreiben

$$\frac{m c^2}{2} = \frac{m c_0^2 \alpha}{2} \left(\frac{1}{\alpha} + t \right) = \frac{m c_0^2 \alpha}{2} T .$$

$\frac{m c_0^2 \alpha}{2}$ ist die Zunahme der Energie eines Elektrons, wenn die Temperatur um 1° C steigt. Wir können diesen Ausdruck die Wärmekapazität des Elektrons nennen. Ziehen wir die Masseneinheit der Elektronen in Betracht, so ist deren Wärmekapazität, d. i. die spezifische Wärme der Elektronen,

$$\gamma = \frac{c_0^2 \alpha}{2} ,$$

da wir jetzt anstatt m die Größe Eins zu setzen haben.

Wir setzen nun weiter voraus, daß die Metallatome nahe aneinander liegen. Die Elektronen werden daher sehr viele Zusammenstöße mit den Metallatomen machen, während die Stöße, welche sie untereinander vollführen, dagegen sehr selten sein sollen. Für den Weg l, welchen ein Elektron zwischen zwei Zusammenstößen im Mittel zurücklegt, werden also in erster Linie die Zusammenstöße mit den Metallatomen in Betracht kommen, weshalb wir auch nur diese bei der Berechnung berücksichtigen.

Wir können nun die Wärmeleitungsfähigkeit k eines Metalls genau so finden, wie jene eines Gases. Es ergibt sich somit (Bd. II, § 61)

$$k = \frac{N m c l}{3} \gamma = \frac{N m c l}{3} \cdot \frac{c_0^2 \alpha}{2} .$$

In dieser Formel können wir außer N und l alle Größen bestimmen. Da die Geschwindigkeit c proportional $\sqrt{T}$ ist, so verursacht dies eine Erhöhung der Wärmeleitung bei steigender Temperatur. Da aber auch die mittlere Weglänge l sich mit der Temperatur ändern muß, so wird die Beziehung zwischen Wärmeleitfähigkeit und Temperatur verwickelt.

§ 34. Die Elektrizitätsleitung in Metallen.

Nach dem Ohmschen Gesetz (§ 22) ist

$$i = L \mathfrak{E} .$$

Nach den Vorstellungen des vorhergehenden Paragraphen können wir uns nun den Vorgang der Elektrizitätsströmung in einem Metall folgendermaßen vorstellen: Infolge der Wärmebewegung sind die Geschwindigkeiten der Elektronen nach allen Richtungen des Raumes gleichmäßig verteilt. Der damit verbundene Elektrizitätstransport ist daher gleich Null, da ebensoviel Elektrizität nach der einen Richtung getragen wird wie nach der entgegengesetzten. Wirkt hingegen eine elektrische Kraft, so wird auf dem Wege, welchen ein Elektron zwischen zwei Zusammenstößen zurücklegt, dasselbe eine Beschleunigung in der Richtung der Kraft erfahren. Nach dieser Richtung wird somit mehr Elektrizität getragen als nach der entgegengesetzten. Wir erhalten einen elektrischen Strom.

Machen wir nun die Richtung der elektromotorischen Kraft in unserem Würfel zur x-Achse eines Koordinatensystems, so wird jedes negative Elektron durch die elektrische Kraft $\mathfrak{E}$ parallel zur x-Achse eine negative Beschleunigung, d. h. eine Verzögerung erfahren, welche sich aus der Kraftgleichung

$$m \frac{d^2 x}{d t^2} = - e \mathfrak{E}$$

ergibt. Es ist also

$$\frac{d^2 x}{d t^2} = - \frac{e \mathfrak{E}}{m}$$

oder

$$\frac{d x}{d t} = u - \frac{\mathfrak{E}}{m} t,$$

wobei u die Geschwindigkeitskomponente infolge der Wärmebewegung bedeutet. Die elektrische Kraft wirkt ungestört auf das Elektron während der Zeit τ, welche zwischen zwei Zusammenstößen verfließt. Dieselbe ist im Mittel $\frac{l}{c}$ (Bd. II, § 59). Die mittlere Geschwindigkeit, mit welcher sich das Elektron während dieser Zeit parallel zur x-Achse bewegt, wird daher sein

$$\frac{1}{\tau}\int_0^\tau \frac{dx}{dt}\,dt = \frac{1}{\tau}\int_0^\tau u\,dt - \frac{1}{\tau}\int_0^\tau \frac{e\mathfrak{E}}{m}\,t\,dt$$

$$= u - \frac{e\mathfrak{E}}{2m}\tau = u - \frac{e\mathfrak{E}l}{2mc}.$$

Summieren wir diese Geschwindigkeitskomponenten für sämtliche Elektronen und dividieren wir durch die Zahl N derselben, so erhalten wir die mittlere Geschwindigkeit, mit welcher sich die Elektronen parallel zur x-Achse bewegen. Dies wird also

$$\frac{1}{N}\sum u - \frac{1}{N}\sum\frac{e\mathfrak{E}l}{2mc} = -\frac{e\mathfrak{E}l}{2mc}$$

sein, da ja ebenso viele positive als negative u vorhanden sind, während für alle N Elektronen die Größe $\frac{e\mathfrak{E}l}{2mc}$ dieselbe ist. Es werden also $-\frac{Ne\mathfrak{E}l}{2mc}$ Elektronen den Querschnitt des Würfels in der Sekunde passieren, wobei das negative Vorzeichen sich natürlich nur auf die Bewegungsrichtung bezieht. Jedes führt die Elektrizitätsmenge $-e$ mit sich, die Stromstärke i wird daher sein

$$i = L\mathfrak{E} = -\frac{Ne\mathfrak{E}l}{2mc}\cdot -e = \frac{Ne^2\mathfrak{E}l}{2mc},$$

woraus sich für die Leitfähigkeit selbst ergibt

$$L = \frac{Ne^2l}{2mc}.$$

Wir können hier ebenfalls, wie bei der Wärmeleitung, bis auf N und l alle Größen bestimmen.

§ 35. Wiedemann-Franzsches Gesetz.

Von G. Wiedemann und Franz wurde das Gesetz gefunden, daß für die Metalle das Verhältnis der Wärmeleitungsfähigkeit zum elektrischen Leitvermögen nahezu konstant sei. Sind unsere Rechnungen richtig, so müssen wir aus den Resultaten der zwei vorhergehenden Paragraphen dieses Gesetz sofort herleiten können. Bilden wir das Verhältnis $\frac{k}{L}$, so ergibt dies

$$\frac{k}{L} = \frac{\frac{N m c l}{3} \cdot \frac{c_0^2 \alpha}{2}}{\frac{N e^2 l}{2 m c}} = \frac{m^2 c^2 c_0^2 \alpha}{3 e^2}.$$

Nun ist aber wieder

$$c^2 = c_0^2 (1 + \alpha t) = c_0^2 \alpha \left(\frac{1}{\alpha} + t\right) = c_0^2 \alpha T,$$

daher

$$\frac{k}{L} = \frac{m^2 c_0^4 \alpha^2}{3 e^2} T.$$

Wir erhalten also tatsächlich das Resultat, daß das Verhältnis der Wärmeleitungsfähigkeit und des elektrischen Leitvermögens eine von der Natur des Metalles unabhängige Größe ist, und ferner, daß dieses Verhältnis mit der absoluten Temperatur proportional wächst. Gerade diese letzte Folgerung haben die Experimente sehr befriedigend bestätigt.

§ 36. Die spezifische Ladung der Metallelektronen.

Für einen veränderlichen Strom gilt die Gleichung (Bd. III, § 53) $E = w i + U \frac{di}{dt}$, indem wir jetzt für die Selbstinduktion den Buchstaben U einführen. Die Geschwindigkeit, die ein Elektron in einem Leiter durch eine elektromotorische Kraft bezogen auf die Längeneinheit des Leiters erfährt, ist dieser proportional (§ 34). Es gilt demnach

$$e\mathfrak{E} = \gamma v,$$

wenn v die Durchschnittsgeschwindigkeit des Elektrons in der Richtung der elektromotorischen Kraft ist. Hat der Leiter die Länge l, so wirkt in ihm die elektromotorische Kraft $E = \mathfrak{E} l$. Ferner ist die Stromstärke (§ 26) $i = N e q v$. Setzen wir diese Größen in das Ohmsche Gesetz $E = w i$ ein und beachten wir, daß nach dem Obigen $\mathfrak{E} = \frac{\gamma v}{e}$ ist, so ergibt sich

$$w = \frac{l\gamma}{N e^2 q}.$$

Schreiben wir die eingangs zitierte Gleichung

$$E - U\frac{di}{dt} = w i,$$

so erkennen wir, daß auf jedes Elektron nicht wie beim konstanten Strom die Kraft $e\mathfrak{E} = \frac{eE}{l}$, sondern

$$\frac{eE}{l} - \frac{e}{l} U \frac{di}{dt}$$

wirkt. Für das Elektron mit der trägen Masse m können wir daher die Bewegungsgleichung (Bd. I, § 6) aufstellen

$$m\frac{dv}{dt} = \frac{eE}{l} - \frac{e}{l} U \frac{di}{dt} - \gamma v,$$

wobei γv der mechanische Widerstand ist, den das Elektron durch den Leiter erfährt. An Stelle des v können wir $i/N e q$ setzen und unsere Gleichung schließlich schreiben

$$E = \left(U + \frac{m l}{N e^2 q}\right) \frac{di}{dt} + \frac{l \gamma}{N e^2 q} i .$$

Die träge Masse des Elektrons bewirkt also eine Vergrößerung der Selbstinduktion, die jedoch im Vergleich zu U so klein ist, daß sie für gewöhnlich nicht nachgewiesen werden kann. Wohl läßt sich aber ein solcher Einfluß in bewegten Leitern bei rasch wechselnder Geschwindigkeit feststellen.

Wir denken uns in einem langen geradlinigen Rohr einen Körper von der Masse m, der bei der Bewegung längs der Rohrachse einen Widerstand γv, also proportional seiner Geschwindigkeit erfährt. In bezug auf ein festes Koordinatensystem bewege sich das Rohr in der Richtung seiner Achse mit der Geschwindigkeit V. Dann bewegt sich unser Körper relativ zum Rohr mit der Geschwindigkeit $v - V$. Seine Bewegungsgleichung wird daher lauten

$$m \frac{dv}{dt} = -\gamma (v - V) .$$

Wir stellen nun die Forderung, daß $V - v = c$ konstant sei. Wir wählen $V > v$, haben somit $m \frac{dv}{dt} = \gamma c$ oder $\frac{dv}{dt} = \frac{\gamma c}{m}$. Danach wird $v = \frac{\gamma c}{m} t$, wenn wir für $t = 0$ auch $v = 0$ annehmen. Aus $V - v = c$ folgt nun

$$V = c \left(1 + \frac{\gamma}{m} t\right)$$

und weiter

$$\frac{dV}{dt} = \frac{c \gamma}{m} .$$

Das heißt also: Macht unser Rohr eine gleichförmig beschleunigte Bewegung von der Beschleunigung $\frac{c\gamma}{m}$, so bewegt sich relativ zum Rohr unser Körper mit einer Geschwindigkeit c entgegen der Richtung der Rohrbewegung. Das können wir auf ein kreisförmiges in sich selbst zurücklaufendes Rohr übertragen, das sich mit konstanter Winkelbeschleunigung um eine Achse dreht, die senkrecht zur Kreisebene durch deren Mittelpunkt geht.

Einen analogen Fall haben wir, wenn wir unseren Körper mit einem Elektron identifizieren, das sich in einem kreisförmigen Leiter befindet, der sich in analoger Weise wie unser Rohr bewegt. Dehnen wir dies auf sämtliche Elektronen aus, so fließt in unserm Leiter ein Strom von der Stärke $i = N q c e$. Dem entspricht eine elektromotorische Kraft $E = w i = N q c e w$. Nach dem Obigen können wir $c = \frac{m}{\gamma} \frac{dV}{dt}$ setzen, haben also $E = \frac{Nqme}{\gamma} w \frac{dV}{dt}$. Erinnern wir uns, daß $w = \frac{l\gamma}{N e^2 q}$ ist, so erhalten wir leicht

$$E = \frac{m\,l}{e} \frac{dV}{dt}.$$

Solche elektromotorische Kräfte herzustellen und zu messen, ist Tolman in verschiedener Weise gelungen. Er ließ z. B. einen Kupferzylinder innerhalb einer ruhenden Drahtspule um seine Achse oszillieren. Die Ströme im Zylinder induzieren Ströme in der Spule, die gemessen werden können. Nach der letzten Formel läßt sich daraus die spezifische Ladung der Leitungselektronen e/m bestimmen, die sich als gleichwertig mit jenen der Kathodenstrahlen (§ 31) ergaben.

§ 37. Elektronenemission der Metalle.

Wir wollen die Aussendung von Elektronen aus Metallen (Kathoden, Glühkathoden) vom Standpunkt der Analogie der Bewegung der Elektronen mit jener der Gasmolekeln behandeln. Wir denken uns ein ebenes horizontales Stück der Begrenzungsfläche des Metalls. Oberhalb sei das Vakuum. In der Volumeinheit des Metalles seien N freie Elektronen; ihre Geschwindigkeiten seien nach dem Maxwellschen Gesetze (Bd. II, § 66) verteilt. Die Zahl der Elektronen per Volumseinheit, die eine Geschwindigkeit zwischen u und $u + du$ senkrecht gegen die Oberfläche haben, ist somit

$$\frac{N}{\alpha\sqrt{\pi}} e^{-\frac{u^2}{\alpha^2}} du,$$

wenn α die wahrscheinlichste Geschwindigkeit der Elektronen bedeutet. Die Zahl derselben, die in der Sekunde gegen die Einheit der Oberfläche fliegen, ist somit

$$\frac{N}{\alpha\sqrt{\pi}} u e^{-\frac{u^2}{\alpha^2}} du.$$

Wir machen nun die Voraussetzung, daß die Metallatome auf die Elektronen Anziehungskräfte ausüben. Das hat zur Folge, daß an der Oberfläche die Elektronen gegen das Innere des Metalles gezogen werden, während im Innern diese Kräfte, da sie nach allen Richtungen in der gleichen Weise vorhanden sind, sich in ihrer Wirkung aufheben. Es ist dies genau so aufzufassen wie bei den Kapillarkräften einer Flüssigkeit. Geht daher ein Elektron aus dem Innern ins Vakuum über, so muß es zur Überwindung dieser Kräfte eine bestimmte Arbeit a leisten. Nur jene Elektronen, deren kinetische Energie $\frac{mu^2}{2}$ senkrecht gegen die Oberfläche größer als a ist oder, was dasselbe bedeutet, deren Geschwindigkeitskomponente u größer als $\sqrt{\frac{2a}{m}}$ ist, wird das Metall tatsächlich verlassen. Die Zahl der in der Sekunde ausgestrahlten Elektronen wird daher gegeben sein durch

$$Z = \int\limits_{\sqrt{\frac{2a}{m}}}^{\infty} \frac{N}{\alpha\sqrt{\pi}} u\, e^{-\frac{u^2}{\alpha^2}} du = \frac{N\alpha}{2\sqrt{\pi}} e^{-\frac{2a}{m\alpha^2}}.$$

Die wahrscheinlichste Geschwindigkeit α der Elektronen steht mit der Temperatur t in der Beziehung $\alpha^2 = \alpha_0{}^2 (1 + \beta t)$, wenn wir unter β den Ausdehnungskoeffizienten der Gase, unter α_0 die wahrscheinlichste Geschwindigkeit der Elektronen bei 0° C verstehen.

Von der Arbeit a können wir wohl in erster Annäherung annehmen, daß sie mit der Temperatur in der Beziehung $a = a_0 (1 - \varepsilon t)$ steht, indem sich nach Analogie schließen läßt, daß sich a mit der Temperatur ähnlich ändert wie die Kapillaritätskonstante einer Flüssigkeit. Fassen wir demnach unter C bezüglich k alles Konstante zusammen, so erhalten wir für die Zahl der in der Sekunde durch die Einheit der Oberfläche gehenden Elektronen

$$Z = C N \sqrt{1 + \beta t}\, e^{-k \frac{1 - \varepsilon t}{1 + \beta t}},$$

wobei über die Abhängigkeit des N von der Temperatur keine speziellen Annahmen gemacht werden sollen.

Die Erfahrung zeigt, daß für gewöhnlich derartige Ausstrahlungen negativer Elektronen seitens der Metalle nicht beobachtet werden, d. h. wir müssen für diesen Fall k als eine große Zahl ansehen, so daß Z entsprechend klein ausfällt.

Wir können das etwa mit dem Verdampfen eines Körpers vergleichen, der sich im Vakuum befindet. Die Atome befinden sich ebenfalls in Bewegung und die schneller bewegten müssen die Fähigkeit erlangen, sich vom Körper loszureißen. Die Zahl der auf diese Weise verdampfenden Atome ist aber bei den meisten festen Körpern so klein, daß wir eine Abnahme im Gewicht nicht beobachten können. Wir haben anzunehmen, daß die Trennungsarbeit für ein Atom so groß ist, daß sich in der Sekunde nur verhältnismäßig wenige von der Oberfläche des Körpers entfernen. Erhitzen wir jedoch den Körper, so wächst die Zahl der verdampfenden Atome, so daß wir bei genügend hoher Temperatur tatsächlich eine Abnahme der Masse des Körpers beobachten können.

Ein ganz ähnliches Verhalten folgt aus unserer Formel für die Elektronen. Mit zunehmender Temperatur wird Z immer größer, wir werden schließlich zu Temperaturen gelangen, bei welchen die Zahl der abgegebenen Elektronen (Thermionen) so groß ist, daß eine Ausstrahlung der Elektrizität beobachtet werden kann, wie es ja tatsächlich bei glühenden Metallen (Glühkathoden) der Fall ist.

Denken wir uns eine Kugel, die negativ geladen ist und eine Oberflächendichte σ hat, so übt diese Ladung auf ein negatives Elektron an der Oberfläche radial die Kraft $4\pi\sigma e$ aus (Bd. III, § 3). Diese Kraft ist entgegengesetzt gerichtet der Kraft, mit der die Metallatome auf das Elektron wirken. Unsere Arbeit a wird daher verkleinert. Die Verkleinerung wird proportional σ, also auch proportional dem Potential V sein, auf das wir die Kugel laden. Demnach wird die Zahl der Elektronen, die in der Sekunde die Einheit der Oberfläche passieren,

$$Z = C N \sqrt{1 + \beta t}\, e^{-\frac{2a - V}{m\alpha^2}},$$

wobei C die entsprechende Proportionalitätskonstante bedeutet. Die Zahl Z wird demnach mit V rasch wachsen. Ähnlich haben wir uns wohl die Zunahme der Dichte der Kathodenstrahlen mit der Ladungsdichte der Kathode vorzustellen. Freilich ist hier auch die Natur der Umgebung von wesentlichem Einflusse.

Wir hätten für unsere Berechnungen auch die Clapeyron-Clausiussche Gleichung (Bd. II, § 44) benützen können und wären zu einem ähnlichen Resultat gelangt. Bei der strengen Berechnung ist aber zu berücksichtigen, daß die außerhalb des Metalls vorhandenen Elektronen auf die austretenden zurückwirken und so das Resultat modifizieren. Inwieweit die so entwickelten Formeln strenge richtig sind, läßt sich wegen der Schwierigkeit der Messungen nicht mit Sicherheit feststellen.

Nach den entwickelten Anschauungen lassen sich auch alle thermoelektrischen Erscheinungen wenigstens qualitativ wiedergeben.

§ 38. Ionisation der Gase.

So wie viele Flüssigkeiten haben wir auch die Gase als vollkommene Nichtleiter der Elektrizität aufzufassen. Erst bei Vorhandensein von Ionen werden sowohl Flüssigkeiten als auch Gase zu Leitern. Wir müssen uns eine unelektrische Gasmolekel so vorstellen, daß sie gleichviel positive und negative Elektronen enthält. Wir übertragen nun die Vorstellung der elektrolytischen Ionen ohne weiteres auf die Gase. Zur Zerlegung einer Substanz in elektrolytische Ionen dient gewöhnlich der Vorgang der Auflösung und zwar hauptsächlich, indem wir Wasser als Lösungsmittel benützen. Dies ist aber nicht immer notwendig, um Salze in ihre elektrolytische Ionen zu spalten. So leitet z. B. Jodsilber auch im festen Zustande elektrolytisch. Bei anderen Salzen, wie etwa Chloraluminium, genügt es, sie zu schmelzen, um sie zu elektrolytischen Stromleitern zu machen. Auch die Gasmolekeln können auf die verschiedenste Weise in Ionen gespalten werden. Denken wir uns nämlich die Elektronen mehr oder weniger fest mit den Molekeln verbunden, so wird wegen der elektromagnetischen Masse, die wir ihnen zuschreiben müssen (§ 27), der Zusammenhalt der Elektronen mit den Molekeln um so lockerer werden, je heftiger die Stöße werden, welche nach der kinetischen Theorie die Gasmolekeln untereinander vollführen. Da die mittlere kinetische Energie der Molekeln mit der Temperatur steigt, so können schon entsprechend hohe Temperaturen genügen, um ein Gas zu ionisieren. Weitaus wirksamer sind jedoch andere „Ionisatoren", so z. B. ultraviolettes Licht, welches das Gas durchstrahlt, Röntgen-, Becquerelstrahlen, hohe elektrische Spannungen u. a.

Unter gegebenen Umständen zerlegt ein Ionisator in jedem Kubikzentimeter Gas in der Sekunde eine ganz bestimmte Anzahl Molekeln in Ionen. Bei der großen Beweglichkeit des Gasmolekeln werden die Ionen aber auch einander wieder begegnen und sich wieder zu neutralen Molekeln vereinigen können. Ist nun die Zahl der Molekeln, welche in der Sekunde ionisiert werden, gleich der Zahl der sich neu bildenden neutralen Molekeln, so haben wir einen Gleichgewichtszustand, der durch die Zahl der ionisierten Molekeln in der Volumseinheit gegeben ist.

Die Geschwindigkeit, mit welcher sich die Ionen wieder zu neutralen Molekeln vereinigen, wird wesentlich von der Zahl der Zusammenstöße abhängen, welche ein Ion mit einem zugehörigen anderen macht. Nehmen wir an, jede sich ionisierende Molekel spalte sich in ein positives und ein negatives Ion, so ist die Zahl der positiven und der negativen freien Ionen gleich groß, sie sei für jede Art n. Die Zahl der Zusammenstöße, welche ein positives Ion mit den negativen macht, ist proportional der Zahl n (Bd. II, § 59). Wir können sie, wenn k_1 die entsprechende Konstante ist, mit $k_1 n$ bezeichnen. Die n positiven Ionen werden daher mit den negativen $k_1 n^2$ Zusammenstöße in der Sekunde machen. Dieser Zahl wird die Zahl der sich in der Zeiteinheit neu bildenden neutralen Molekeln proportional gesetzt werden können, oder es bilden sich in der Sekunde $k n^2$ neutrale Molekeln, wo k eine neue Konstante ist.

Werden nun in der Sekunde N_i Molekeln ionisiert, so muß für den Gleichgewichtszustand gelten

$$k n^2 = N_i$$

oder

$$n = \sqrt{\frac{N_i}{k}}.$$

Da wir die Stärke, den Wirkungsgrad des Ionisators, oder wie wir es sonst nennen wollen, der Zahl N_i der in der Zeiteinheit sich ionisierenden Molekeln proportional setzen können, so wächst also die Anzahl der in der Volumseinheit des Gases vorhandenen positiven bzw. negativen Ionen nicht, wie man meinen könnte, proportional mit der Stärke, sondern mit der Quadratwurzel aus der Stärke des Ionisators.

§ 39. Leitfähigkeit der Gase — Sättigungsstrom.

Wir denken uns einen Würfel von 1 cm Kantenlänge. Zwei gegenüberliegende Flächen seien Elektroden von der Potentialdifferenz $\mathfrak{E}$. Befindet sich in diesem Würfel ein ionisiertes Gas, so werden die positiven Ionen gegen die Kathode, die negativen gegen die Anode getrieben. Es entsteht ein Elektrizitätstransport; das ionisierte Gas ist ein Leiter der Elektrizität. Der Einfachheit halber nehmen wir wieder an, wir hätten n positive und ebensoviel negative Ionen. Jedes Ion besitze das Elementarquantum e der Elektrizität als Ladung. Wir können den Elektrizitätstransport und somit die Leitfähigkeit der Luft jetzt genau so berechnen wie die Leitfähigkeit der Metalle (§ 34), nur ist zu beachten, daß hier nicht nur die negativen, sondern auch die positiven Elektronen am Elektrizitätstransport teilnehmen.

Ist die mittlere Weglänge der positiven Ionen l_p, ihre Masse m_p, die Geschwindigkeit der Wärmebewegung c_p, sind die entsprechenden Werte der negativen Ionen l_n, m_n, c_n, so wird nach § 34 die Zahl der positiven Ionen, welche in der Sekunde den Querschnitt des Leiters passieren, $\frac{n e \mathfrak{E} l_p}{2 m_p c_p}$, die Zahl der negativen $\frac{n e \mathfrak{E} l_n}{2 m_n c_n}$ sein. Da jedes Ion die Elektrizitätsmenge e mit sich führt, so wird die gesamte Elektrizitätsmenge, welche in der Zeiteinheit den Querschnitt des Leiters passiert, das ist die Stromstärke

$$i = \frac{n e^2 \mathfrak{E}}{2} \left(\frac{l_p}{m_p c_p} + \frac{l_n}{m_n c_n} \right)$$

sein. Setzen wir

$$\frac{e^2 l_p}{2 m_p c_p} = u, \quad \frac{e^2 l_n}{2 m_n c_n} = v,$$

so wird

$$i = n \mathfrak{E} (u + v).$$

In dieser Form erkennen wir die große Ähnlichkeit zwischen der Elektrizitätsleitung in Lösungen (§ 22) und in Gasen.

Diese Ähnlichkeit gilt jedoch nur für kurz andauernde oder sehr schwache Ströme. Während wir nämlich bei der Elektrizitätsleitung in Lösungen die Zahl der Ionen in der Volumseinheit durch längere Zeit als konstant ansehen konnten, woraus ohne weiteres die Gültigkeit des Ohmschen Gesetzes folgt, ist dies bei Gasen nicht mehr der Fall. Hier ändert sich die Konzentration der Ionen infolge ihrer Wanderung relativ rasch, wir müssen die in der Volumseinheit vorhandene Ionenzahl als eine Funktion des Potentialgefälles $\mathfrak{E}$ betrachten. Erst wenn die Zahl der in der Sekunde sich ionisierenden Molekeln N_i den verschwindenden Ionen das Gleichgewicht hält, erhalten wir konstante Ionenkonzentration. In Wirklichkeit ist die Ionisierung in einem Gas nie so einfach, wie wir hier angenommen. Gewöhnlich dürfte eine neutrale Molekel ein negatives Elektron verlieren, das sich sofort an eine andere neutrale Molekel anlagert, so daß aus zwei neutralen Molekeln ein positives und ein negatives Ion entstanden ist. An diese können sich weitere neutrale Molekeln anlagern und so „Molionen" bilden, die durch Stoß wieder zerfallen, usw.

Nach den Vorstellungen der Elektronik ist die Stromstärke in einem metallischen Leiter durch die Elektrizitätsmenge gegeben, welche die negativen Elektronen in der Sekunde durch den Querschnitt des Leiters tragen. Wenden wir das auf die Kathode in unserm Gas an, so ist die Stromstärke

$$i = Z e ,$$

wenn Z die Zahl der in der Sekunde durch die Kathode in das Gas eintretenden Elektronen und e das Elementarquantum bedeutet. Dieser Eintritt von Elektronen kommt so zustande, daß jedes positive Ion, das an die Kathode gelangt, von dort durch ein Elektron neutralisiert wird. Es verschwinden also ebensoviel positive Ionen als Elektronen eintreten. Ihre Zahl ist somit

$$Z = \frac{i}{e} .$$

Nennen wir jetzt N die Zahl der in der Sekunde sich bildenden positiven Ionen und beachten, daß die Zahl der verschwindenden Ionen gegeben ist erstens durch die sich bildenden neutralen Molekeln, deren Zahl wir im vorigen Paragraphen $k n^2$ setzten, zweitens durch den Elektrizitätsausgleich an den Elektroden, so gilt für den stationären Zustand

$$N_i - k n^2 - \frac{i}{e} = 0 .$$

Für den Strom i ist somit der Widerstand gleichzeitig eine Funktion der elektromotorischen Kraft, oder, wie man gewöhnlich sagt, er befolgt nicht das Ohmsche Gesetz. Mit wachsender elektromotorischer Kraft steigt auch die Stromstärke, aber nicht in gleichem Maße wie die elektromotorische Kraft. Der Versuch zeigt sogar, daß man mit steigender Stromstärke die Größe $k n^2$ gegen $\frac{i}{e}$ vernachlässigen kann, so daß wir nur noch die Gleichung haben

$$N_i = \frac{i}{e}$$

oder

$$i = e N_i .$$

In diesem Falle ist der Strom konstant und unabhängig von der Größe der elektromotorischen Kraft. Man nennt ihn den Sättigungsstrom. Es ist die größte Stromstärke, welche erzielt werden kann. Die durch zufällige Begegnung sich neutralisierenden Ionen spielen in diesem Falle keine Rolle mehr, sondern alle durch den Ionisator erzeugten Ionen werden an die Elektroden geführt. Durch Messung der Stromstärke läßt sich somit die Größe eN_i finden, welche wir wieder proportional der Stärke des Ionisators setzen können, so daß wir auf diese Weise Ionisatoren in ihrer Wirkung miteinander vergleichen können.

Atomphysik.

§ 40. Die Strahlung radioaktiver Substanzen.

Bekanntlich senden die radioaktiven Körper im wesentlichen dreierlei Arten von Strahlen aus. Die α-Strahlen sind Korpuskularstrahlen von der Masse des Heliumatoms und einer positiven Ladung von der Größe zweier Elementarquanten (§ 23). Die β-Teilchen sind negative Elektronen (§§ 19 und 28). Die γ-Strahlen verhalten sich ganz analog den Röntgenstrahlen (Bd. IV, § 52). Aus elektrischer und magnetischer Ablenkung läßt sich die spezifische Ladung und die Geschwindigkeit der Korpuskeln (§ 31) finden.

Die Ladung der α-Teilchen läßt sich aus der Bestimmung der Elektrizitätsmenge ermitteln, die eine bestimmte Zahl besitzt. Die Elektrizitätsmenge kann durch Auffangen der Teilchen in einem Metallgefäß festgestellt werden, dessen Ladung man nach gebräuchlichen Methoden ermittelt. Die Zahl läßt sich finden etwa durch Zählung der Szintillationen, welche die α-Teilchen auf einem Zinksulfidleuchtschirm hervorbringen. Man fand für ihre Masse, wie schon erwähnt, jene des Heliumatoms (Atomgewicht = 4), d. i. $6{,}6 \cdot 10^{-24}$ g. Die Geschwindigkeit, mit der die α-Teilchen von den verschiedenen radioaktiven Substanzen ausgeschleudert werden, liegt zwischen $1{,}4 \cdot 10^9$ und $2{,}06 \cdot 10^9$ cm/sec, d. i. ungefähr zwischen $^1/_{20}$ und $^1/_{15}$ der Lichtgeschwindigkeit.

Die Elektronen der β-Strahlung haben eine Anfangsgeschwindigkeit zwischen $0{,}32 \cdot 10^{10}$ und $2{,}993 \cdot 19^{10}$ cm/sec. Sie können sich also fast mit Lichtgeschwindigkeit, d. i. $3{,}10^{10}$ cm/sec bewegen.

§ 41. Bewegung von Körpern, die sich nach dem Coulombschen Gesetz abstoßen.

Ein fixer Punkt übe auf einen beweglichen von der Masse m die Kraft

$$K = \frac{\varkappa}{r^2},$$

d. i. eine Abstoßungskraft, aus. Die Bewegungsgleichungen können wir genau so aufstellen wie für die Planetenbewegung (Bd. I, § 15). Da wir es hier ebenfalls mit einer Zentralbewegung zu tun haben, so erhalten wir vorerst das Resultat, daß die Flächengeschwindigkeit c des Massenpunkts m konstant ist.

Auf dem dortigen Weg fortfahrend wird

$$\frac{m v^2}{2} = -\frac{\varkappa}{r} + A .$$

In unendlich großer Entfernung, d. i. für $r = \infty$ sei $v = v_\infty$, daher

$$\frac{m v_\infty^2}{2} = A ,$$

folglich

$$\frac{m v^2}{2} = \frac{m v_\infty^2}{2} - \frac{\varkappa}{r} . \tag{18}$$

Aus dieser Gleichung erhalten wir ohne weiteres die größtmögliche Annäherung b, die zwischen den beiden Punkten stattfinden kann. Es ist dies der Fall, wenn der bewegliche Punkt direkt auf den fixen zufliegt. Bei der größten Annäherung wird $v = 0$, also

$$\frac{m v_\infty^2}{2} = \frac{\varkappa}{r} ,$$

$$b = \frac{2 \varkappa}{m v_\infty^2} . \tag{19}$$

Die Bahngleichung ergibt sich ebenfalls ohne weiteres aus der Planetenbewegung. Wir können sie in der Form schreiben

$$\pm \frac{\dfrac{2\,c\,dr}{r^2}}{\sqrt{v_\infty^2 + \dfrac{\varkappa^2}{4\,m^2\,c^2} - \left(\dfrac{\varkappa}{2\,m\,c} + \dfrac{2\,c}{r}\right)^2}} = d\varphi$$

oder

$$\pm \frac{dz}{\sqrt{\alpha^2 - z^2}} = d\varphi\,,$$

wenn wir

$$v_\infty^2 + \frac{\varkappa^2}{4\,m^2\,c^2} = \alpha^2$$

und

$$\frac{\varkappa}{2\,m\,c} + \frac{2\,c}{r} = z$$

setzen. Die Integration ergibt

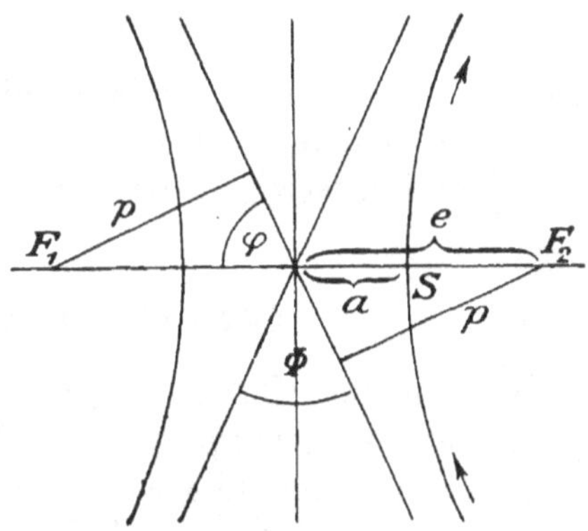

Fig. 13.

$$\operatorname{arc\,cos} \frac{z}{\alpha} = \varphi + C$$

oder

$$z = \alpha \cos(\varphi + C)\,.$$

Führen wir für z seinen Wert wieder ein, so läßt sich leicht die Gleichung gewinnen

$$r = \frac{\dfrac{4\,m\,c^2}{\varkappa}}{\dfrac{2\,m\,c\,\alpha}{\varkappa}\cos(\varphi + C) - 1}\,.$$

Die willkürliche Konstante C bestimmen wir so, daß für

$\varphi = 0$ r ein Minimum wird. Den kleinsten Wert wird r haben, wenn $\cos(\varphi + C) = 1$ oder $\varphi + C = 0$ ist. Da dies aber für $\varphi = 0$ eintreten soll, so muß $C = 0$ sein. Wir erhalten also die Gleichung

$$r = \frac{\frac{4 m c^2}{\varkappa}}{\frac{2 m c \alpha}{\varkappa} \cos \varphi - 1}.$$

Das ist (Fig. 13) die Polargleichung einer Hyperbel bezogen auf den rechten Ast, den Krümmungsradius r aber von dem linksseitigen Brennpunkt F_1 als Pol gerechnet.

§ 42. Der Ablenkungswinkel.

Kommt der Punkt m (§ 40) aus dem Unendlichen gegen den in F_1 (Fig. 13) befindlichen Fixpunkt, so wird er nach der Ablenkung wieder ins Unendliche gehen. Der Winkel, den Anfang und Ende der Bahn einschließen, den wir den Ablenkungswinkel nennen wollen, ist somit der Winkel Φ der Asymptoten. Diesen findet man folgendermaßen: Im Scheitel S der Hyperbel bewegt sich der Punkt senkrecht zum Radiusvektor, d. i. senkrecht zur reellen Halbachse. Seine doppelte Flächengeschwindigkeit ist somit ϱv_0, unter ϱ den zugehörigen Radiusvektor verstanden. Ist der Punkt im Unendlichen, so gehört zur Geschwindigkeit v_∞ die doppelte Flächengeschwindigkeit $p v_\infty$, wenn p das Lot aus dem Brennpunkt auf die Asymptote ist.

Nach dem Satz von der Konstanz der Flächengeschwindigkeit ist also

$$p v_\infty = \varrho v_0 . \tag{20}$$

Aus Gleichung (18) folgt nun

$$v_0{}^2 = v_\infty^2 - \frac{2\varkappa}{m\,\varrho},$$

oder nach Gleichung (19)

$$v_0{}^2 = v_\infty^2 \left(1 - \frac{b}{\varrho}\right). \tag{21}$$

Gemäß den Eigenschaften der Hyperbel ist die Exzentrizität $e = \frac{p}{\sin\varphi}$ und die reelle Halbachse $a = e\cos\varphi$. Danach erhalten wir

$$\varrho = e + a = \frac{p}{\sin\varphi} + \frac{p}{\sin\varphi}\cos\varphi = \frac{p}{\sin\varphi}(1 + \cos\varphi)$$

$$= \frac{2p\cos^2\frac{\varphi}{2}}{2\sin\frac{\varphi}{2}\cos\frac{\varphi}{2}} = p\,\frac{\cos\frac{\varphi}{2}}{\sin\frac{\varphi}{2}} = p\operatorname{cotg}\frac{\varphi}{2}.$$

Mit diesem Wert für ϱ wird nach Gleichung (20) und (21)

$$p^2 = p\operatorname{cotg}\frac{\varphi}{2}\left(p\operatorname{cotg}\frac{\varphi}{2} - b\right),$$

mithin

$$p = p\operatorname{cotg}^2\frac{\varphi}{2} - b\operatorname{cotg}\frac{\varphi}{2},$$

$$p\,\frac{\operatorname{cotg}^2\frac{\varphi}{2} - 1}{\operatorname{cotg}\frac{\varphi}{2}} = b.$$

Nach der geläufigen trigonometrischen Formel

$$\operatorname{cotg} 2\alpha = \frac{\operatorname{cotg}^2\alpha - 1}{2\operatorname{cotg}\alpha}$$

können wir die letzte Gleichung noch schreiben

$$2p \operatorname{cotg} \varphi = b$$

oder

$$2p \cos \varphi = b \sin \varphi .$$

Aus der Fig. 13 ergibt sich $\varphi = \frac{\pi}{2} - \frac{\Phi}{2}$, somit $\cos \varphi = \sin \frac{\Phi}{2}$, $\sin \varphi = \cos \frac{\Phi}{2}$. Obige Gleichung kann also auch geschrieben werden

$$2p \sin \frac{\Phi}{2} = b \cos \frac{\Phi}{2}$$

oder

$$\frac{2p}{b} = \operatorname{cotg} \frac{\Phi}{2} .$$

Geben wir dem Punkt m immer dieselbe Anfangsgeschwindigkeit v_∞, so ist der Ablenkungswinkel Φ lediglich eine Funktion von p.

§ 43. Rutherfords Atommodell.

Als einfachstes Atom gilt das Wasserstoffatom. Es wird bestehend gedacht aus einem positiven Kern (Proton) und einem Elektron. Wenn nichts Näheres erwähnt wird, sollen, wie es allgemein gebräuchlich geworden ist, unter Elektronen negative Elektronen verstanden werden.

Die Masse des H-Atoms finden wir aus der Masse eines Mols H, d. i. 1,008 g, dividiert durch die Loschmidtsche Zahl $6{,}062 \cdot 10^{23}$ (§ 23) zu $1{,}66 \cdot 10^{-24}$ g. Das Elektron hat die Masse (§ 31) $9 \cdot 10^{-28}$ g. Daraus folgt, daß die Masse des H-Atoms 1844 mal größer ist als die des Elektrons, so daß also fast die ganze Masse des Atoms der Masse des Protons zuzuschreiben ist, die wir demnach bei der von uns gewählten Stellenzahl ebenfalls zu $1,66 \cdot 10^{-24}$ g anzunehmen haben. Diese verschiedenen Massen können wir uns etwa so erklären (§ 27), daß im *H*-Kern die positive Elektrizität viel konzentrierter ist als die gleich große Elektrizitätsmenge im negativen Elektron. Dementsprechend haben wir uns die Größe des Protons um einige Zehnerpotenzen kleiner als die des Elektrons vorzustellen.

Rutherford erweiterte diese Konstruktion des Wasserstoffatoms auf alle Atome, indem er ihnen einen Kern aus A Protonen und A-N Elektronen bestehend zuschreibt. Es bleiben somit N positive Ladungen frei. N entspricht gleichzeitig der Atomnummer oder Ordnungszahl der Elemente (§ 50). Die positive Ladung des Kerns ist somit $N e$. Wie die Planeten die Sonne, umkreisen die Elektronen, deren Zahl in einem elektrisch neutralen Atom also gleich N sein muß, den Kern. Ihre äußerste Bahn müßte etwa mit der Größe des Atoms (Bd. II, § 63) in Analogie gesetzt werden.

§ 44. Streuung der α-Strahlen.

Geht ein dünnes α-Strahlenbündel durch eine dünne Metallfolie, so werden die Partikeln mehr oder weniger von ihrer ursprünglichen Richtung abgelenkt. Sie erfahren eine „Streuung". Dabei bleibt die größte Zahl der Korpuskeln nahe der ursprünglichen Richtung. Sie nimmt ab mit zunehmendem Streuungswinkel, d. i. mit dem Winkel, den die neue Richtung eines Korpuskels mit der ursprünglichen einschließt. Rutherford gab dafür eine Theorie, die in jeder Beziehung eine gute Übereinstimmung mit der Beobachtung zeigt. Nach ihm wird die Streuung der α-Strahlen wesentlich durch die Ablenkung bedingt, die der Kern eines Atoms z. B. der obenerwähnten Metallfolie einem α-Teilchen (§ 40) erteilt. Die dazu nötigen Rechnungen haben wir in den vorhergehenden Paragraphen durchgeführt. Wollen wir sie auf unseren Fall anwenden, so sind folgende Voraussetzungen notwendig.

Die Metallfolie sei so dünn, daß jede hindurchfliegende α-Partikel nur eine einmalige Ablenkung an einem Metallatom erfährt. Dieses habe eine Masse, die wir als groß gegen die Masse m der α-Partikel annehmen können, so daß wir sie in erster Annäherung als fix betrachten dürfen. Die Ablenkung erfolge nur durch die Abstoßungskraft des Kerns. Setzen wir die Kernladung $N e$ (§ 43), die Ladung des α-Teilchens $2e$, so ist nach dem Coulombschen Gesetz (Bd. III, § 1) die Abstoßungskraft

$$K = \frac{2 N e^2}{r^2}.$$

Nach § 42 ist nun die Ablenkung Φ durch die Formel

$$\operatorname{cotg} \frac{\Phi}{2} = \frac{2p}{b}$$

gegeben, wobei nach Gleichung (19)

$$b = \frac{2\varkappa}{m v_\infty^2}$$

ist. Für unseren jetzigen Fall ist

$$\varkappa = 2 N e^2,$$

mithin

$$b = \frac{4 N e^2}{m_a v_\infty^2}$$

zu setzen.

Eine von zwei parallelen Ebenen begrenzte Schicht von der Dicke D enthalte per Volumseinheit $\mathfrak{N}$ Kugeln vom Radius p. Ein Punkt bewege sich senkrecht zu den

Ebenen durch die Schicht. Die Wahrscheinlichkeit, daß er dabei eine Kugel trifft, wird gleich sein dem Verhältnis der von den Kugeln bedeckten Fläche zur gesamten Fläche, d. i. für einen Raum, der durch die Flächeneinheit einer Ebene und die Schichtdicke gebildet wird, $\mathfrak{N} D \pi p^2$. Fassen wir p als den Abstand der Asymptote der Flugbahn einer α-Partikel vom Brennpunkt (Fig. 13) auf, so können wir obigen Ausdruck als die Wahrscheinlichkeit ansehen, für die der genannte Abstand kleiner als p ist. Das Differential dieses Ausdrucks

$$d\zeta = 2\pi\, p\, \mathfrak{N}\, D\, dp$$

gibt uns dann die Wahrscheinlichkeit an, daß p zwischen p und $p + dp$ liegt. Nun ist nach dem Obigen

$$p = \frac{b}{2} \operatorname{cotg} \frac{\Phi}{2},$$

daher

$$dp = -\frac{b}{4} \cdot \frac{1}{\sin^2 \frac{\Phi}{2}}\, d\Phi .$$

Mit Benützung der Ausdrücke für $d\zeta$ und p erhalten wir schließlich

$$d\zeta = -\frac{\pi}{4} \mathfrak{N}\, D\, b^2 \frac{\operatorname{cotg} \frac{\Phi}{2}}{\sin^2 \frac{\Phi}{2}}\, d\Phi . \tag{22}$$

Wir erkennen also, daß mit wachsendem Winkel Φ die Wahrscheinlichkeit der Atomdurchquerungen abnimmt.

Wir setzen nun voraus, daß auf einen bestimmten Punkt der Metallfolie in der Sekunde Q α-Teilchen auftreffen. Die Zahl, die dann eine Ablenkung zwischen Φ und $\Phi + d\Phi$ erfährt, ist $Q\, d\zeta$. Fangen wir sie in der Entfernung a auf einem Leuchtschirm auf, so können wir sie durch Zählung der Szintillationen bestimmen. Die Zahl per Flächeneinheit des Schirmes werden wir dann folgendermaßen berechnen können: Die von uns betrachteten α-Teilchen bewegen sich von der Metallfolie weg innerhalb zweier Kegelflächen vom halben Öffnungswinkel Φ bezüglich $\Phi + d\Phi$. Schlagen wir um den Ausgangspunkt der α-Partikeln eine Kugel vom Radius a, so schneidet der Kegel aus der Kugel die Fläche

$$2\pi a^2 \sin \Phi \, d\Phi$$

heraus (Bd. II, § 59). Auf diese Fläche treffen $Q\,d\zeta$ Partikeln auf, mithin auf die Flächeneinheit

$$\frac{Q\,d\zeta}{2\pi a^2 \sin \Phi \, d\Phi}.$$

Setzen wir für $d\zeta$ seinen Wert aus Gleichung (22) ein, so erhalten wir weiter

$$\frac{\mathfrak{N} D b^2 Q}{16 a^2 \sin^4 \frac{\Phi}{2}} = \frac{N^2 e^4 \mathfrak{N} D Q}{a_2 m_\alpha^2 v_\infty^4 \sin^4 \frac{\Phi}{2}}.$$

Alles, was diese Formel aussagt, hat sich bestätigt. Es stimmt die Abhängigkeit der Teilchenzahl vom Ablenkungswinkel. Es wurde gefunden, daß für nicht zu dicke Folien die zu einem bestimmten Ablenkungswinkel gehörige Teilchenzahl der Schichtdicke proportional ist. Es stimmen damit die Streuungsversuche in Gasen, und auch die Voraussage der Abhängigkeit von der Anfangsgeschwindigkeit in der Form $\frac{1}{v^4}$ hat sich erfüllt. Was aber noch besonders betont werden mag, das ist die Möglichkeit, die Atomnummer N auf diese Weise kennenzulernen, was durch genaue Streuungsmessungen für einige Metalle gut gelang. Freilich hat sich in diesem Punkt die Erforschung der Röntgenspektren (§ 49) weitaus fruchtbarer erwiesen.

§ 45. Modell des Wasserstoffatoms.

Wir stellen uns ein Wasserstoffatom vor bestehend aus einem positiven Kern (§ 43), dessen Masse das wesentliche der Atommasse ausmacht, und einem Elektron, das den Kern umkreist. Da der Atomkern über 1800 mal schwerer (§ 43) als das Elektron ist, so können wir vorerst annehmen, das Bewegliche sei nur das Elektron, ähnlich wie man bei der Planetenbewegung (Bd. I, § 15) die Sonne mit geringer Vernachlässigung als fix voraussetzen kann.

Soll das negative Elektron Kreisbahnen um den positiven Kern beschreiben, so muß seine Fliehkraft gleich der Anziehungskraft sein. Diese ist nach dem Coulombschen Gesetz (Bd. III, § 1) $\frac{e^2}{r^2}$ (e = Elementarquantum, r = Radius der Kreisbahn). Die Fliehkraft ist $\frac{m v^2}{r}$ (m = Masse, v = Geschwindigkeit des Elektrons). Wir haben also die Gleichung

$$\frac{m v^2}{r} = \frac{e^2}{r^2}$$

oder

$$m v^2 r = e^2.$$

Indem Bohr die Quantentheorie (§ 16) heranzieht, kommt er zu dem Resultat, daß für die Kreisbahnen des Elektrons nur bestimmte r möglich sind. Wie in der Planckschen Strahlungstheorie die einzelnen Energieelemente ε dadurch charakterisiert sind, daß $\varepsilon = h\nu$ sein muß, so setzt Bohr für die Kreisbewegung

$$2\pi r m v = n h,$$

wobei n eine ganze Zahl ist. Da h eine „Wirkung", d. h. eine Energie multipliziert mit einer Zeit bedeutet, so muß auch die linke Seite unserer Gleichung diese Dimension $[M L^2 T^{-1}]$ haben (Bd. III, § 63). Wir erkennen, daß diese Größe nichts anderes als der Kreisumfang multipliziert mit dem Impuls (Bd. I, § 11) des Elektrons ist. n ist eine ganze Zahl, die man die Quantenzahl nennt. Quantentheoretisch sind also nur bestimmte Kreisbahnen möglich, deren Radien aus den beiden letzten Gleichungen sich zu

$$r_n = \frac{n^2 h^2}{4\pi^2 m e^2}$$

berechnen lassen. Desgleichen findet man für die Geschwindigkeit einer „n-quantigen" Bahn

$$v_n = \frac{2\pi e^2}{n h}.$$

§ 46. Das Wasserstoffspektrum — Serienspektren.

Nach dem vorigen Paragraphen ist die kinetische Energie des kreisenden Elektrons

$$K_n = \frac{m v_n^2}{2},$$

die potentielle

$$P_n = C - \frac{e^2}{r_n}$$

(C = konst.), was ja ohne weiteres erkennbar, da diese Größe nach r_n differenziert und negativ genommen

(Bd. III, § 2) die Kraft $-\frac{e^2}{r_n^2}$ ergibt. Danach ist die Gesamtenergie

$$E_n = K_n + P_n = C - \frac{e^2}{r_n} + \frac{m v_n^2}{2}.$$

Da aber

$$\frac{m v_n^2}{2} = \frac{e^2}{2 r_n}$$

(§ 45), so

$$E_n = C - \frac{e^2}{2 r_n} \tag{23}$$

und weiter

$$E_n = C - \frac{2\pi^2 m e^4}{n^2 h^2}. \tag{24}$$

Nach Bohr kann das Elektron die Bahn wechseln. Je größer der Bahnradius r_n, desto größer ist nach Gleichung (23) E_n. Gelangt also ein Elektron von einer äußeren auf eine innere Bahn, so muß es Energie abgeben. Dies geschieht in Form von Strahlung und zwar so, daß die Frequenz ν des ausgestrahlten Lichts analog § 15 die Bedingung

$$E_n - E_s = h\nu$$

erfüllt, wobei wir also $s < n$ angenommen haben. Setzen wir hier die Werte der Energie aus der früheren Gleichung ein, so können wir leicht finden

$$\nu = \frac{2\pi^2 e^4 m}{h^3}\left(\frac{1}{s^2} - \frac{1}{n^2}\right).$$

Der Schwingungszahl ν entspricht eine Lichtsorte von der Wellenlänge $\lambda = \frac{c}{\nu}$, also eine bestimmte Spektrallinie. Lassen wir s und n verschiedene ganze Zahlenwerte annehmen, so erhalten wir die Spektrallinien des Wasserstoffs. Zu jeder Zahl s gehört also eine bestimmte Reihe von Spektrallinien, die sich ergeben, wenn wir n die Reihe der ganzen Zahlen von $n = s + 1$ angefangen durchlaufen lassen. Wir erhalten so die „Serienspektren". Vorhandene Ausnahmen lassen sich begründen. Setzen wir $s = 2$, so wird unsere Gleichung

$$\nu = R\left(\frac{1}{4} - \frac{1}{n^2}\right).$$

Das ist die Balmersche Formel. R nennt man die Rydbergsche Konstante, da Rydberg erkannte, daß diese Konstante nicht nur für das Wasserstoffspektrum, sondern auch bei anderen Spektren eine hervorragende Rolle spielt.

Neben der Balmerserie, die beim Übergang der Elektronen in den zweiquantigen Zustand entsteht, muß es nach der Theorie auch Linienserien geben beim Übergang in andere Quantenzustände. Tatsächlich entdeckte man auch Linien des einquantigen, drei- und vierquantigen Zustandes.

Wie durch den Übergang der Elektronen von höheren zu niedrigeren Quantenzuständen Strahlung entsteht, so hat man sich die Absorption in umgekehrter Weise vorzustellen. Bei dieser wird die absorbierte Energie benutzt, um die Elektronen aus tieferen in höhere, d. h. aus Quantenzuständen geringerer zu solchen höherer Energie überzuführen.

§ 47. Das Heliumspektrum — Optische Spektren.

Das neutrale He-Atom besitzt einen Kern aus 4 Protonen und 2 Elektronen, hat daher die Atomzahl 2 (§ 43). Um den Kern haben wir uns zwei Elektronen kreisend zu denken. Wird eines dieser Elektronen abgespalten, so haben wir das „ionisierte" Heliumatom. Für dieses läßt sich eine Spektralformel genau so wie für das Wasserstoffatom entwickeln.

Die Anziehungskraft auf das kreisende Elektron ist $\frac{2e^2}{r^2}$. Da diese gleich der Fliehkraft sein muß, so ist

$$\frac{m\,v^2}{r} = \frac{2e^2}{r^2}$$

oder

$$m\,v^2\,r = 2e^2.$$

Natürlich gilt wieder

$$2\pi\,r\,m\,v = n\,h\,,$$

woraus folgt

$$r_n = \frac{n^2\,h^2}{8\pi^2\,m\,e^2}.$$

Für die kinetische Energie haben wir wieder

$$K_n = \frac{m\,v_n{}^2}{2}\,,$$

für die potentielle hingegen

$$P_n = C - \frac{2e^2}{r_n}.$$

Die gesamte Energie wird demnach

$$E_n = K_n + P_n = C - \frac{2e^2}{r_n} + \frac{m\,v_n{}^2}{2}.$$

Nun ist aber

$$\frac{m\,v_n{}^2}{2} = \frac{e^2}{r_n}\,,$$

daher

$$E_n = C - \frac{e^2}{r_n}$$

oder nach dem obigen Wert von r_n

$$E_n = C - \frac{8\pi^2 m e^4}{n^2 h^2}.$$

Schlagen wir jetzt weiter den Weg des vorigen Paragraphen zur Bestimmung der Schwingungszahl ν ein, so resultiert

$$\nu = \frac{8\pi^2 e^4 m}{h^3}\left(\frac{1}{s^2} - \frac{1}{n^2}\right).$$

Wir erhalten also das wichtige Resultat, daß für die Spektren des ionisierten He-Atoms genau dieselbe Formel gilt wie für das Wasserstoffatom, nur mit dem Unterschied, daß die entsprechenden Frequenzen des He-Atoms alle viermal so groß sind als jene des H-Atoms. Die Ordnungszahl des He-Atoms ist 2. Wir können also sagen: Wir gewinnen die Spektren des ionisierten Heliums aus jenen des Wasserstoffs, wenn wir diese mit dem Quadrat der Ordnungszahl des Heliums multiplizieren.

Die von uns gegebene Theorie des H- und He-Spektrums gibt dieses nur in seinen Grundzügen wieder. Man hat jedoch die Theorie vervollkommnet durch Berücksichtigung der Bewegung des Atomkerns, durch Annahme elliptischer Bahnen des Elektrons und Zuziehung des Relativitätsprinzips, sowie durch Aufstellung neuer Prinzipien.

Die Kompliziertheit der Vorgänge in den Atomen der Elemente von höherer Ordnungszahl macht es unmöglich, sie rechnerisch zu verfolgen. Nichtsdestoweniger ist es doch gelungen, auch für derartige Spektren eine Reihe von Regeln (Prinzipien) aufzustellen, welche die Gesetzmäßigkeiten in den optischen Spektren sowohl der Elemente als der Verbindungen erkennen lassen. Es ist das eine umfangreiche Wissenschaft für sich geworden, die an dieser Stelle nicht einmal in den Anfängen wiedergegeben werden kann.

§ 48. Das Magneton.

Schon Ampère erkärte den Magnetismus durch sogenannte elektrische Elementarströme. Nach den Theorien von Rutherford und Bohr (§§ 43 und 45) muß jedes Atom — bleiben wir der Einfachheit halber wieder beim Wasserstoffatom — magnetische Eigenschaften zeigen, da das den Kern umkreisende Elektron ja einem elektrischen Kreisstrom (§ 26) gleich zu werten ist, der infolgedessen auch ein magnetisches Feld wie ein sehr kleiner Magnet (Bd. III, § 42) besitzen muß. Das magnetische Moment eines solchen Kreisstroms können wir folgendermaßen feststellen: Wir fanden, daß ein kleiner geschlossener Strom von der Stärke i, der eine Fläche f umkreist, einem kleinen Magneten vom Moment $M = f\,i$ entspricht. Die Stromstärke definieren wir (Bd. III, § 39) durch die Elektrizitätsmenge, die in der Sekunde den Querschnitt des Leiters passiert. Wenden wir dies auf ein kreisendes Elektron an. Ist seine Geschwindigkeit v, so passiert es $\frac{v}{2\pi r}$ mal in der Sekunde einen bestimmten Punkt seiner Kreisbahn und trägt beim jedesmaligen Passieren die Elektrizitätsmenge e hindurch. Die Stromstärke ist somit

$$i = \frac{e\,v}{2\,\pi\,r}.$$

Die Fläche des Kreisstroms ist $f = r^2\pi$. Es wird daher das magnetische Moment

$$M = f\,i = \frac{r\,e\,v}{2}.$$

Nach Bohr gilt nun (§ 45)

$$2\pi\,r\,m\,v = n\,h\,,$$

wobei die Quantenzahl n alle ganzzahligen Werte annehmen kann. Setzen wir $n = 1$, so wird

$$r v = \frac{h}{2 \pi m},$$

folglich

$$M = \frac{r v e}{2} = \frac{e}{m} \cdot \frac{h}{4 \pi}.$$

Diese Größe pflegt man das Bohrsche Magneton zu nennen. Die spezifische Ladung e/m des Elektrons sowie die Plancksche Konstante h sind bekannt, daher läßt sich die Größe des Magnetons berechnen. Man erhält

$$M = 9{,}21 \cdot 10^{-21} \text{ abs. E.}$$

Das Experiment hat nun gezeigt, daß für alle untersuchten einwertigen Atome das magnetische Atommoment $M = 9{,}3 \cdot 10^{-21}$ ist. Auf ein Mol bezogen ergibt dies $M' = 5600$ Gauss. cm. Aus unserer obigen Rechnung würde folgen $M' = 5548$ Gauss. cm, was eine genügende Übereinstimmung ergibt.

§ 49. Das charakteristische Röntgenspektrum.

Wie wir bereits (Bd. IV, § 54) kennengelernt haben, lassen sich die Röntgenspektren mit großer Präzision herstellen. Man konnte in der Linienordnung im wesentlichen zwei Serien (§ 46) unterscheiden, die schon früher von Barkla aus Absorptionsversuchen festgestellt wurden. Von ihm rührt auch die Bezeichnung her, indem er eine härtere und eine weichere Strahlung fand, die er K- bzw. L-Strahlung nannte. Moseley erkannte den Charakter der Serien, weshalb man heute von einer K- bzw. L-Serie spricht, denen man übrigens noch eine M- und eine N-Serie anreihen konnte.

Für die Röntgenspektren fand nun Moseley eine sehr wichtige Beziehung. Er zeigte, daß die Frequenz der intensivsten Linie der K-Serie, der sogenannten K_α-Linie, durch die Formel

$$\nu = \tfrac{3}{4} R (N - a)^2 \tag{25}$$

dargestellt werden kann. Hier bedeutet R die Rydbergsche Zahl (§ 46), N die Kernladungszahl des jeweiligen Metalls und a eine konstante Zahl, die für die meisten Elemente nahezu 1,6 ist. Analog findet sich für die stärkste Linie der L-Serie L_α die Frequenzformel

$$\nu = \tfrac{5}{36} R (N - b)^2,$$

wobei b ungefähr 3,5 ist. Aus der Gleichung (25) finden wir

$$\sqrt{\nu} = k N - k a,$$

wenn wir die Konstante $k = \sqrt{\frac{3R}{4}}$ setzen. Das besagt: Wenn wir in ein Koordinatensystem die Ordnungszahlen N als Abszissen, die Wurzeln aus den Frequenzen als Ordinaten eintragen, so erhalten wir eine gerade Linie. Dieses Verhalten bewog ja Moseley, indem er die Elemente nach steigendem Atomgewicht anordnete, die Atomnummern (§ 43) einzuführen.

§ 50. Aufbau der Atome.

Die Ähnlichkeit der von Moseley empirisch gefundenen Formeln für die K- und L-Serie der Röntgenspektren mit den Bohrschen Formeln läßt die Anschauungen über den Aufbau der Atome weiter begründen. Wenn wir in der Art, wie wir vom Wasserstoffatom zum Heliumatomion übergingen, weitergehen und uns Atomkerne vorstellen von der Atomnummer 3, 4, . . ., die nur von einem Elektron umkreist werden, so würden sich für die Frequenzen der Spektrallinien der einzelnen Elemente jene des Wasserstoffs multipliziert mit dem Quadrat der Ordnungszahl (§ 47) ergeben. Wir könnten also schreiben

$$\nu = R N^2 \left(\frac{1}{s^2} - \frac{1}{n^2}\right).$$

Würden wir diese Gleichung speziell auf die stärkste Linie der K-Serie der charakteristischen Röntgenspektren anwenden, so ergäbe der Übergang eines Elektrons aus einer zweiquantigen in eine einquantige Bahn (§ 46)

$$\nu = R N^2 \left(\frac{1}{1^2} - \frac{1}{2^2}\right) = \frac{3}{4} R N^2.$$

In Wirklichkeit beobachtete aber Moseley (§ 49)

$$\nu = \tfrac{3}{4} R (N - a)^2.$$

Diese Formel läßt sich ohne weiteres verstehen, wenn wir annehmen, daß der Kern von einer „Schale" von Elektronen umgeben sei, welche die Anziehungskraft des Kerns schwächt, da sie ja das kreisende Elektron abstoßen, daß also sich eine sogenannte „Schirmwirkung" gegenüber dem Kern geltend mache. Analoges läßt sich von der stärksten Linie der L-Serie sagen usw.

Daß solche Formeln wie die Moseleysche möglich sind, läßt vermuten, daß die Anordnung der abschirmenden Elektronen in der Nähe des Atomkerns für alle Atome dieselben sein müssen. Mit Berücksichtigung dieser und verschiedener anderer theoretischer Errungenschaften — z. B. der Theorie der Feinstruktur der Spektrallinien —, auf die hier nicht eingegangen werden kann, ist es Bohr gelungen, ein Schema des Aufbaus der Atome zu konstruieren, wie wir es im folgenden teilweise wiedergeben. Hier verläßt uns die Rechnung natürlich vollständig. Wir haben uns das ganze Schema als ein hypothetisches ökonomisches Gebilde vorzustellen.

A. N.	A. Z.	K	L	M	N	O	P	Q
1	H	1						
2	He	2						
3	Li	2	1					
4	Be	2	2					
5	B	2	2 1					
10	Ne	2	4 4					
11	Na	2	4 4	1				
12	Mg	2	4 4	2				
18	Ar	2	4 4	4 4				
19	K	2	4 4	4 4	1			
20	Ca	2	4 4	4 4	2			
29	Cu	2	4 4	6 6 6	1			
30	Zn	2	4 4	6 6 6	2			
36	Kr	2	4 4	6 6 6	4 4			
37	Rb	2	4 4	6 6 6	4 4	1		
38	Sr	2	4 4	6 6 6	4 4	2		
47	Ag	2	4 4	6 6 6	6 6 6	1		
48	Cd	2	4 4	6 6 6	6 6 6	2		
54	X	2	4 4	6 6 6	6 6 6	4 4		
55	Cs	2	4 4	6 6 6	6 6 6	4 4	1	
56	Ba	2	4 4	6 6 6	6 6 6	4 4	2	
79	Au	2	4 4	6 6 6	8 8 8 8	6 6 6	1	
80	Hg	2	4 4	6 6 6	8 8 8 8	6 6 6	2	
86	Em	2	4 4	6 6 6	8 8 8 8	6 6 6	4 4	
88	Ra	2	4 4	6 6 6	6 8 8 8	6 6 6	4 4	2
92	U	2	4 4	6 6 6	8 8 8 8	6 6 6	4 4 2	4

Wir haben hier jeweilig links vom Atomzeichen entsprechend der Ordnungszahl die Zahl der den Kern bildenden Protonen, rechts die gleiche Anzahl Elektronen stehen, was ja elektrisch neutralen Atomen zukommt.

Betrachten wir das Schema mit Rücksicht auf das periodische System der Elemente, so sieht man, daß nach dem Abschluß mit einem Edelgas immer eine ganz bestimmte innere Anordnung bestehen bleibt. Die Buchstaben K, L . . . beziehen sich auf die einzelnen Elektronenschalen, wie sie durch das periodische System bedingt werden. Es sind somit durch die Ordnungszahl N die wesentlichen Eigenschaften des Atoms festgelegt. Speziell die chemische Wertigkeit wird durch die Zahl der in der äußersten Schale vorhandenen Elektronen (Valenzelektronen) bestimmt.

Es sei nochmals darauf hingewiesen, daß dieses Schema mathematisch nicht bewiesen werden kann. Es ist eine begründete Vermutung der Anordnung der Elektronen im Atom und eine die Wirklichkeit gut wiedergebende Beschreibung.

§ 51. Das kontinuierliche Röntgenspektrum — Lichtquanten.

Es treffe ein Elektron auf die Antikathode eines Röntgenrohrs. Seine Energie ist eV (Bd. III, § 19), wenn e das Elementarquantum und V der Potentialunterschied zwischen Kathode und Antikathode ist. V nennt man die Röhrenspannung. Das auftreffende Elektron verwandelt seine Energie in Röntgenstrahlung. Dafür stellte Einstein die Beziehung auf

$$eV = h\nu ,$$

wobei h wie früher (§ 15) das elementare Wirkungsquantum, ν die Frequenz der Strahlung darstellt. Der so entstandene Wellenzug wird ein „Lichtquantum“ genannt.

Seine Energie ist $h\nu$. Beachtet man, daß die Einsteinsche Gleichung einen idealen Fall darstellt, da nicht alle Energie des auftreffenden Elektrons zur Erzeugung des Lichtquantums benützt wird, so gibt uns die Gleichung für eine gegebene Röhrenspannung die größte Frequenz, d. h. die kleinste Wellenlänge, die möglich ist, oder die geringste Röhrenspannung, die zur Erzeugung von Strahlen gegebener Wellenlänge notwendig ist. Die so erforderliche Röhrenspannung nennt man die Anregungsspannung.

Mit wachsendem V wächst auch ν und λ nähert sich der Null. Gegen das kurzwellige Ende muß also das Röntgenspektrum eine scharfe Grenze besitzen, was ebenfalls mit der Beobachtung übereinstimmt.

§ 52. Der Hallwachseffekt.

Der von Hallwachs entdeckte lichtelektrische Effekt besteht darin, daß auf Metalle auftreffende Lichtstrahlen Elektronen auslösen können. Auch hier finden wir den Zusammenhang mit den Erscheinungen des vorhergehenden Paragraphen. Ist ν die Frequenz des bestrahlenden Lichts, so besteht die Gleichung

$$V = \frac{h\nu}{e} - V_0 .$$

V_0 bedeutet folgendes. Um ein Elektron von der Materie zu trennen, ist eine gewisse Arbeit notwendig. Diese läßt sich darstellen durch $e V_0$ und man nennt dann V_0 das Kontaktpotential, das seinen kleinsten Wert für Kalium hat. Wenn wir demnach das Metall positiv bis zum Potential V_0 aufladen, was in der Regel nur einige Volt beträgt, so hört der lichtelektrische Effekt auf.

Geben wir obiger Gleichung die Form

$$e(V - V_0) = h\nu ,$$

so stellt $e(V - V_0)$ die kinetische Energie dar, welche die abgeschleuderten Elektronen besitzen. Damit ist aber auch gesagt, daß die Geschwindigkeit der abgeschleuderten Elektronen um so größer sein wird, je größer ν ist. Durch stärkeres Bestrahlen läßt sich diese Geschwindigkeit also nicht erhöhen, sondern nur die Zahl der abgeschleuderten Elektronen vermehren. Um die Geschwindigkeit zu erhöhen, muß Licht größerer Schwingungszahl verwendet werden.

§ 53. Korpuskularstrahlen und Lichtquanten.

Wir fanden bereits früher (Bd. IV, § 51), daß wir die Wellentheorie des Lichts mit der Korpuskulartheorie vereinigen können. Wir erhielten dort in Gleichung (62) die wichtige Beziehung

$$G' c' = W, \tag{26}$$

wobei wir unter G' den Impuls des Lichtkorpuskels, unter c' seine Geschwindigkeit in einem beliebigen Medium, unter W seine Energie im Vakuum zu verstehen haben.

Die Strahlungstheorie (§ 15) hat uns gelehrt, daß die Energie nur quantenweise ausgestrahlt wird, wobei die Energie ε eines Quants durch die Gleichung $\varepsilon = h\nu$ gegeben ist. Es liegt nun nahe, diese Energie identisch mit der Energie W eines Lichtkorpuskels anzunehmen, so daß Gleichung (26) ohne weiteres geschrieben werden kann

$$W = G' c' = h\nu .$$

Es ist also die Energie eines Lichtkorpuskels proportional der Frequenz ν der betreffenden Strahlungsart und die Proportionalitätskonstante ist das Plancksche Wirkungsquantum. Wir erkennen hier die Übereinstimmung unserer Korpuskeln mit den Einsteinschen Lichtquanten (§ 51). Bedenken wir weiter, daß die Wellengeschwindigkeit c', die

Schwingungszahl ν und die Wellenlänge λ in der Beziehung $c' = \nu\lambda$ stehen, so folgt aus unserer Energiegleichung

$$G' = h \cdot \frac{1}{\lambda} \cdot$$

Hier nennt man $\frac{1}{\lambda}$ die „Wellenzahl", es ist die auf die Längeneinheit entfallende Anzahl der Wellen. Es ist also die Energie der Schwingungszahl, der Impuls der Wellenzahl in gleicher Weise proportional.

§ 54. Wellenpaket und Lichtquanten.

Wir werfen einen Blick auf die Gleichung (61) im Bd. IV, § 49 für die Amplitude einer Wellengruppe. Ein Vergleich dieser mit der Amplitude des durch einen Spalt

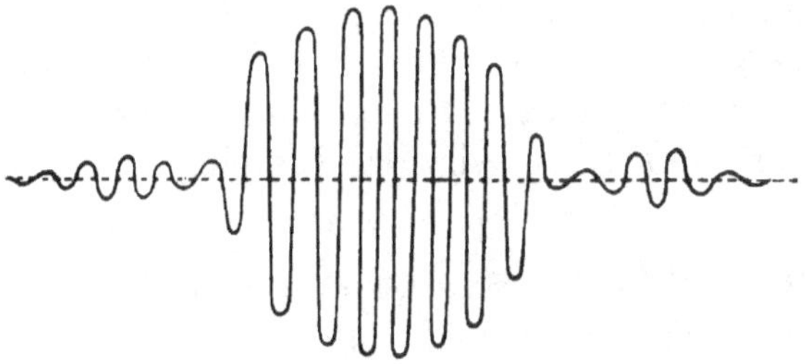

Fig. 14.

gebeugten Lichts (Bd. IV, § 18) ergibt eine überraschende Ähnlichkeit. Für $\frac{\partial\varphi}{\partial\nu} = 0$ haben die Wellen ihre größte Amplitude. Sie fallen nach beiden Seiten (Fig. 14) zu Null ab, steigen dann wieder bis zu einem gewissen Maximum an usw. Die weiteren Maxima nehmen aber sehr rasch ab, so daß sie im Vergleich zum Hauptmaximum kaum in Betracht kommen. Wir erhalten somit eine gut begrenzte Wellengruppe, die mit der Gruppengeschwindigkeit geradlinig fortwandert. Denken wir uns nach allen Richtungen Wellen gehend, so ist es verständlich, daß Wellengruppen möglich sind, die nicht nur nach einer, sondern nach allen drei Richtungen des Raums in obiger Weise begrenzt sind. Eine solche Gruppe können wir dann als Wellenkorpuskel ansehen. Schrödinger, von dem die Theorie im wesentlichen herrührt, nennt sie ein „Wellenpaket“. Als solche Wellenpakete haben wir uns die Lichtkorpuskeln vorzustellen.

In § 52 gewannen wir die Gleichung

$$e\,(V - V_0) = h\nu\,,$$

wobei $e\,(V - V_0)$ die kinetische Energie der durch Belichtung eines Metalls abgeschleuderten Elektronen bedeutet. Nach § 53 ist die Energie einfach proportional einer Schwingungszahl. Desgleichen wissen wir aus der speziellen Relativitätstheorie (Bd. I, § 54), daß die Masse eine Energie bedeutet. Alle Energieformen sind unter Aufrechterhaltung des Energiesatzes ineinander verwandelbar. Schreiben wir die Energie eines Korpuskels

$$W = m\,c^2$$

und führen wir für m den Wert aus der Relativitätstheorie

$$m = \frac{m_0}{\sqrt{1 - \frac{v^2}{c^2}}}$$

ein, so ergibt sich

$$W = h\nu = m\,c^2 = \frac{m_0\,c^2}{\sqrt{1 - \frac{v^2}{c^2}}}$$

$$= m_0\,c^2 + m_0\,c^2 \left(\frac{1}{\sqrt{1 - \frac{v^2}{c^2}}} - 1 \right).$$

Dabei ist von der Geschwindigkeit v nur das zweite Glied abhängig, das sich in die Reihe

$$\frac{m_0 v^2}{2} + \frac{3}{8} \frac{m_0 v^4}{c^2} + \dots$$

entwickeln läßt und das bei Vernachlässigung höherer Glieder die kinetische Energie der klassischen Mechanik ergibt. Nach dem früheren müssen wir demnach auch dem ruhenden Korpuskel eine Energie $m_0 c^2$ zuschreiben. Sehen wir die Elektronen als Korpuskeln an, so ist deren Masse gegeben durch $m_0 = 9 \cdot 10^{-28}$ g (§ 31). Für kurzwelliges Licht insbesonders für Röntgenstrahlen kann die Austrittsarbeit eines Elektrons aus einem Metall (§ 37) ohne weiteres vernachlässigt werden gegenüber der kinetischen Energie, welche die austretenden Elektronen durch die Bestrahlung erhalten. Es gilt dann einfach

$$\frac{m v^2}{2} = h \nu .$$

Vernachlässigen wir die Austrittsarbeit A nicht, so haben wir zur kinetischen Energie $\frac{m v^2}{2}$ noch die Arbeit A zu addieren. Diese Gleichung interpretieren wir so, daß die Energie $h \nu$ eines Lichtquants sich umsetzt in die kinetische Energie $\frac{m v^2}{2}$ des ausgeschleuderten Elektrons vermehrt um die Austrittsarbeit A.

Dieselbe Gleichung gilt für den umgekehrten Vorgang. Auf ein Metall auftreffende Elektronen lösen Strahlung aus, wobei wegen der großen kinetischen Energie der auftreffenden Elektronen (z. B. Kathodenstrahlen) die Größe A, wie oben angedeutet wurde, ohne weiteres gegen $\frac{m v^2}{2}$ vernachlässigt werden kann. Wir können sagen:

Jedes auftreffende Elektron löst ein Lichtquant aus, dessen Frequenz ν durch die Gleichung $\frac{m v^2}{2} = h \nu$ gegeben ist.

Fassen wir nun das Elektron als Wellenpaket auf, so geben wir ihm ja auch eine Energie $E_0 = m_0 c^2$ im Ruhezustand. Könnten wir diese Energie ebenfalls in Strahlung verwandeln, so würden wir ein Lichtquant von der Frequenz ν_0 nach der Gleichung $m_0 c^2 = h \nu_0$ erhalten. In der Form $\nu_0 = \frac{m_0 c^2}{h} = \frac{9.10^{-28}.9.10^{20}}{6{\cdot}55.10^{-27}} = 1{\cdot}2.10^{20}$ können wir also ν_0 dem Zahlenwert nach angeben. Zu dieser Schwingungszahl gehört die Wellenlänge $\lambda_0 = \frac{c}{\nu_0} = \frac{h}{m_0 c}$ $= 0{\cdot}024.10^{-18}$ cm $= 0{\cdot}024$ Å. Dieses λ_0 ist von der Größenordnung der Wellenlänge kurzwelliger γ-Strahlen.

Wir haben uns das Elektron in Strahlung aufgelöst gedacht. Wir können gerade so jedes Lichtquant (Photon) stofflich auffassen. Natürlich muß immer die Gleichung

$$W = m c^2 = h \nu$$

gelten. Die Geschwindigkeit v des Photons im leeren Raum ist c. Nach der Gleichung

$$m = \frac{m_0}{\sqrt{1 - \frac{v^2}{c^2}}}$$

muß also die Ruhmasse $m_0 = 0$ werden. Die Masse m des bewegten Photons ist gegeben durch

$$m = \frac{h \nu}{c^2}.$$

Für die sichtbaren Strahlen liegt danach m etwa zwischen 3.10^{-33} und 6.10^{-33}, so daß die Masse des Elektrons etwa $2 . 10^5$ mal größer anzunehmen ist. Diese Verstofflichung der Strahlung wird im folgenden Paragraphen noch deutlicher hervortreten.

§ 55. Der Comptoneffekt.

Wenn wir ein Röntgenstrahlbündel auf eine Metallfläche auffallen lassen, so tritt Streuung der Strahlen ein. Diese gestreute Strahlung besteht zum Teil aus Strahlen von der Wellenlänge der einfallenden Strahlung und aus „modifizierten" Strahlen von größerer Wellenlänge, die bestimmt ist durch den Winkel, den die Streustrahlung mit der Primärstrahlung einschließt.

Nach der Korpuskulartheorie des Lichts gilt für das Lichtquant sowie für ein Wellenpaket der Energie- und der Impulssatz. Das heißt: Treffen ein Lichtquant und ein Elektron zusammen, so werden sie sich unter Aufrechterhaltung der beiden Sätze gegenseitig ablenken, ähnlich wie es beim Stoß elastischer Kugeln (Bd. I, § 12) etwa der Fall ist.

Halten wir eine Kugel fest, so geht die zweite Kugel nach dem Stoß mit geänderter Richtung, aber mit ungeänderter Energie weiter. Für die Photonen ist das Analogon ein Zusammenstoß mit fixen Metallelektronen. Durch den bei der Bestrahlung auftretenden lichtelektrischen Effekt (§ 52) werden aber Elektronen frei beweglich. Beim Zusammenstoß solcher Elektronen mit den Photonen wird sich daher sowohl der Impuls als die Energie des Photons ändern.

Für die Energie eines Photons gilt $m c^2 = h \nu$, die Bewegungsgröße ist also

$$m c = \frac{h \nu}{c}.$$

Wir wollen der Einfachheit halber annehmen, ein Photon

(Fig. 15) stoße mit einem ruhenden Elektron zusammen. Nach dem Stoß schließe die Geschwindigkeit v des Elektrons mit der Anfangsrichtung des Photons den Winkel ϑ, das reflektierte Photon den Winkel θ ein, wobei die Streustrahlung jetzt den Impuls $h\nu'$ besitzt. Nach dem Parallelogramm der Bewegungsgröße ist nun

$$\frac{h\nu}{c} = \frac{h\nu'}{c}\cos\theta + m\,v\cos\vartheta\,. \tag{27}$$

Die Bewegungsgröße senkrecht zur Einfallsrichtung des Photons ist Null. Wir haben also

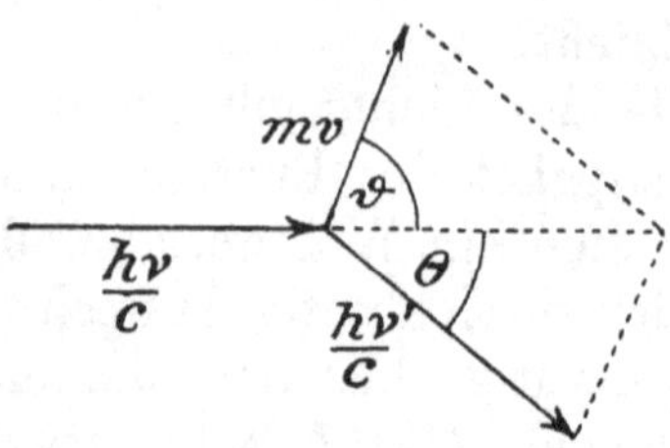

Fig. 15.

$$0 = \frac{h\nu'}{c}\sin\theta - m v \sin\vartheta\,. \tag{28}$$

Der Energiesatz ergibt

$$h\nu = h\nu' + \frac{m v^2}{2}\,.$$

Wir quadrieren die Gleichungen (27) und (28) und bringen sie in folgende Form.

$$m\,v^2\cos^2\vartheta = \left(\frac{h\nu}{c}\right)^2 + \left(\frac{h\nu'}{c}\right)^2\cos^2\theta - \frac{2h^2\nu\nu'}{c^2}\cos\theta\,,$$

$$m\,v^2\sin^2\vartheta = \left(\frac{h\nu'}{c}\right)^2\sin^2\theta\,.$$

Addieren wir beide Gleichungen, so erhalten wir

$$m^2 v^2 = \left(\frac{h\nu}{c}\right)^2 + \left(\frac{h\nu'}{c}\right)^2 - \frac{2h^2\nu\nu'}{c^2}\cos\theta\,.$$

Diese Gleichung können wir auch schreiben

$$m^2 v^2 = \frac{h^2}{c^2}(\nu - \nu')^2 + \frac{2h^2\nu\nu'}{c^2}(1 - \cos\theta)\,.$$

Dividieren wir diese Gleichung durch die Energiegleichung

$$m v^2 = 2h(\nu - \nu'),$$

so erhalten wir

$$(29) \qquad m = \frac{h(\nu + \nu')}{2c^2} + \frac{h\nu\nu'}{c^2(\nu - \nu')}(1 - \cos\theta).$$

Wir setzen voraus, daß ν' von ν, wie es bei den diesbezüglichen Experimenten auch immer der Fall ist, sehr wenig verschieden ist. Wir können dann ohne weiteres $\frac{h(\nu+\nu')}{2c^2}$ gegen $\frac{h\nu\nu'}{c^2(\nu-\nu')}$ vernachlässigen. Ferner können wir ohne nennenswerten Fehler $\nu\nu' = \nu^2$ setzen. Unter diesen Annahmen finden wir nun leicht

$$\nu - \nu' = \frac{h\nu^2}{m c^2}(1 - \cos\theta) = \frac{2h\nu^2}{m c^2}\sin^2\frac{\theta}{2}.$$

Führen wir die zu ν bzw. ν' gehörenden Wellenlängen λ und λ' ein, d. h. setzen wir $\nu = \frac{c}{\lambda}$, $\nu' = \frac{c}{\lambda'}$, so haben wir

$$\nu - \nu' = c\left(\frac{1}{\lambda} - \frac{1}{\lambda'}\right) = c\,\frac{\lambda' - \lambda}{\lambda\lambda'}.$$

Für $\lambda\lambda'$ können wir $\lambda^2 = \frac{c^2}{\nu^2}$ schreiben und gewinnen schließlich die Gleichung

$$\lambda' - \lambda = \frac{2h}{m c}\sin^2\frac{\theta}{2}.$$

Diese Gleichung wird durch die Messungen Comptons vollkommen bestätigt. Für den Winkel $\alpha = 45^0$ ist $\sin^2\alpha = \frac{1}{2}$. Ist daher $\theta = 90^0$, so wird

$$\lambda' - \lambda = \frac{h}{m c}.$$

Fassen wir das Elektron als Wellenpaket auf (Wellenlänge $\frac{h}{m\,c}$) (§ 54) und können wir seine Masse m als wenig verschieden von der Ruhmasse m_0 annehmen, so erhalten wir das bemerkenswerte Resultat, daß wir für das Wellenpaket eine Wellenlänge erhalten, die gleich ist dem Wellenlängenunterschied der primären und der „modifizierten" Strahlung, wenn letztere unter einem rechten Winkel zur Primärstrahlung beobachtet wird. In der Tat ergaben die Messungen den in § 54 bereits angegebenen Wert

$$\lambda_0 = \lambda' - \lambda = \frac{h}{m_0\,c} = 0{\cdot}024 . 10^{-8}\ \text{cm}.$$

§ 56. Bohrs Wasserstoffatommodell.

Nach Bohr müssen wir (§ 45) den Impuls des Elektrons, welches das Proton des Wasserstoffatoms umkreist

$$G' = \frac{\nu\,h}{2\,\pi\,r}$$

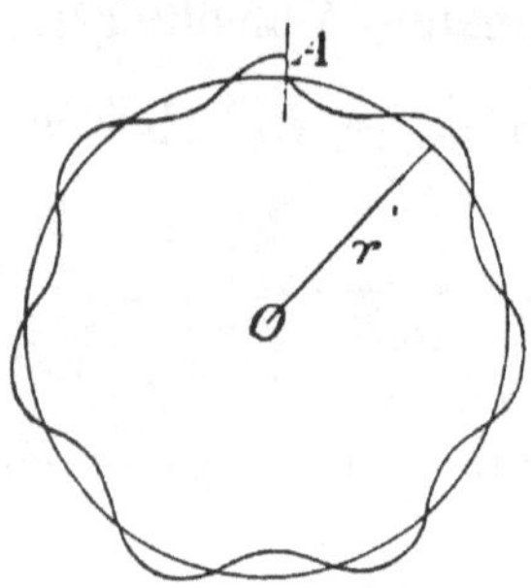

Fig. 16.

setzen. Wir fassen das Elektron als Wellenpaket auf. Der Wellenzug umkreise das Proton. Das ist möglich, wenn wir voraussetzen, daß ein Kraftfeld die Strahlrichtung ablenkt, wie wir es ja schon bei der Ableitung des Brechungsgesetzes nach der Emanationstheorie (Bd. IV, § 50) getan haben.

Wir denken uns in Fig. 16 eine Kreisbahn, längs der sich ein Wellenzug bewegt, schematisch dargestellt. Gehen wir etwa von A im Sinne der Uhrzeigerbewegung in unserer Kreisbahn vorwärts, so wird im allgemeinen, wenn wir wieder in A anlangen, die Phase der Welle mit der Phase des Anfangs nicht übereinstimmen. Die Wellen werden sich bei ihrer weiteren Fortsetzung stören; ein dauerndes Wellenpaket ist nicht denkbar. Wenn jedoch Anfangs- und Endphase gleich sind, so wird der Wellenzug ungestört fortkreisen können; wir haben ein stabiles Wellenpaket. Diese Bedingung ist erfüllt, wenn die Wellenlänge λ in der Länge der Kreisbahn restlos enthalten ist, d. h. wenn die Kreisbahn ein ganzzahliges Vielfaches der Wellenlänge ist. Wir erhalten

$$\lambda = \frac{2\pi r}{\nu}.$$

Nun fanden wir aber in § 53

$$G' = \frac{h}{\lambda}.$$

Setzen wir hier den Wert für λ ein, so ergibt dies

$$G' = \frac{h\nu}{2\pi r},$$

was ja die Bohrsche Quantenbedingung für das Wasserstoffatom darstellt. Wir müssen uns jetzt das Atom allerdings nicht mehr als Massenpunkt, sondern als geschlossenen Wellenzug vorstellen, der das Proton umkreist. Das ist möglich, da wir keine Erscheinung kennen, die eine Funktion des Ortes des Elektrons auf seiner Bahn wäre.

Register.

(Die beigesetzten Zahlen geben die Seite des Buches an.)

Frühjahr 1 9 3 0

Literatur zur Physik

Mit einem Anhang: Mathematische Literatur für den Physiker

WALTER DE GRUYTER & CO. / BERLIN W 10

Lehrbuch der Physik. Von Eduard Riecke, weiland Geheimer Regierungsrat, o. Professor an der Universität Göttingen. Zu eigenem Studium und zum Gebrauche bei Vorlesungen herausgegeben von Professor Dr. Ernst Lecher †, Vorstand des I. Physikalischen Instituts der Universität Wien, und Professor Dr. Adolf Smekal, o. Assistent am II. Physikalischen Institut der Universität Wien. Siebente, verbesserte und um eine Darstellung der Atomphysik vermehrte Auflage. Groß-Oktav.

I. Band: Mechanik und Akustik. Wärme. Optik. Mit 458 Figuren im Text. XVI, 656 Seiten. 1923 . . . . RM. 12.60, geb. RM. 14.—

II. Band: Magnetismus und Elektrizität. Atomphysik. Mit einem Bildnis von E. Lecher † und 319 Figuren im Text. XVI, 725 Seiten. 1928. RM. 15.—, geb. RM. 17.—

Rieckes berühmtes „Lehrbuch der Physik", das die Mitte zwischen ausführlichen Werken und kurzen Kompendien hält, liegt nach Erscheinen des zweiten Bandes nunmehr vollständig in siebenter Auflage vor. Smekal hat den vorliegenden zweiten Band auf den letzten Stand der Forschungsergebnisse gebracht, verschiedentliche Änderungen vorgenommen und das Kapitel „Atomphysik" neu eingefügt.

Lehrbuch der Physik. Nach Vorlesungen an der Technischen Hochschule zu München. Von H. Ebert, weil. Professor an der Technischen Hochschule München.

I. Band. Mechanik. Wärmelehre. Mit 168 Abbildungen. Zweite Auflage. Groß-Oktav. XX, 661 Seiten. 1917. Anastatischer Neudruck. 1920. Geb. RM. 21.50

II. Band, I. Teil. Die elektrischen Energieformen. Fertiggestellt und herausgegeben von Professor C. Heinke. Mit 341 Abbildungen im Text. Groß-Oktav. XX, 687 Seiten. 1920 . . . . RM 22.— geb. RM. 24.—

II. Band, II. Teil. Die strahlende Energie. Mit 196 Abbildungen im Text. Groß-Oktav. XII, 416 Seiten. 1923 . . . . . RM. 15.—, geb. RM. 16.50

Das Lehrbuch ist nach Umfang und Stoffbehandlung für diejenigen Physikstudierenden bestimmt, denen die Anwendung bei der Lösung technischer Probleme Endzweck des Studiums ist.

Die Physik. Von Dr. Leo Graetz, o. ö. Professor der Physik an der Universität München. Mit 395 teils farbigen Abbildungen im Text und 12 farbigen und schwarzen Tafeln. Zweite, verbesserte und vermehrte Auflage. Royal-Oktav. XII, 582 Seiten. 1923 . . . . . RM. 10.—, geb. RM. 12.50

Der Stoff ist in folgende Abschnitte eingeteilt: Die materiellen Körper. Die Elektronen. Strahlungserscheinungen und der Äther. Strahlen, Elektronen und Materien. Die Darstellung ist trotz aller Wissenschaftlichkeit allgemeinverständlich und lebhaft.

Einführung in die theoretische Physik. Von Dr. Clemens Schaefer, Professor an der Universität Breslau.

I. Band. Mechanik materieller Punkte, Mechanik starrer Körper, Mechanik der Kontinua (Elastizität und Hydromechanik). Mit 272 Figuren im Text. Dritte, verbesserte und vermehrte Auflage. Groß-Oktav. XII, 991 Seiten. 1929 . . . . RM. 45.—, geb. RM. 48.—

II. Band. Theorie der Wärme. Molekular-kinetische Theorie der Materie. Mit 88 Figuren im Text. Zweite, verbesserte und vermehrte Auflage. 1929. Groß-Oktav. X, 660 Seiten . . . . RM. 28.—, geb. RM. 30.—

III. Band. 1930. In Vorbereitung.

„Das vorliegende Werk füllt eine merkbare Lücke in der bisher vorliegenden Literatur über theoretische Physik aus. Was es von seinen Vorgängern unterscheidet, ist einmal die Verwendung aller modernen Methoden und zum zweiten die klare und ausführliche Darstellungsweise, welche auch das Studium schwieriger Kapitel zu einem Genuß macht." *Annalen der Physik.*

Einführung in die theoretische Physik, mit besonderer Berücksichtigung ihrer modernen Probleme. Von Arthur Haas, a. o. Professor an der Universität Wien.

I. Band. Dritte und vierte, völlig umgearbeitete und vermehrte Auflage. Mit 58 Abbildungen im Text. Groß-Oktav. X, 307 Seiten. 1923. RM. 7.50, geb. RM. 9.—

II. Band. Dritte und vierte, völlig umgearbeitete und vermehrte Auflage. Mit 72 Abbildungen im Text und auf zwei Tafeln. Groß-Oktav. VIII, 379 Seiten. 1924 . . . . RM. 8.50, geb. RM. 10.—

„Der Vorzug des Buches liegt zweifellos in dem Umstande, daß es dem Verfasser gelingt, den Leser unter Vermeidung jedes überflüssigen Wissensballastes bis an die Probleme der modernen theoretisch-physikalischen Forschung heranzuführen. Es gibt gewiß kein anderes Buch ähnlichen Umfanges, das den Studierenden gleichzeitig mit den Elementen der theoretischen Physik und mit den wichtigsten modernen Forschungsergebnissen, wie Röntgenspektroskopie, Kristallanalyse, Isotopenbestimmung usw., vertraut macht."
Monatshefte für Mathem. u. Physik.

Theoretische Physik. Von Dr. Gustav Jäger, Professor an der Universität Wien. 5 Bände.

I. Mechanik. Mit 25 Figuren. Sechste, verbesserte Auflage. 150 Seiten. 1930. (Sammlung Göschen Bd. 76) . . . . Geb. RM. 1.80

II. Schall und Wärme. Mit 7 Figuren. Sechste, umgearbeitete und vermehrte Auflage. 133 Seiten. 1930. (Sammlung Göschen Bd. 77) Geb. RM. 1.80

III. Elektrizität und Magnetismus. Mit 35 Figuren. Sechste, verbesserte Auflage. 151 Seiten. 1930. (Sammlung Göschen Bd. 78) . Geb. RM. 1.80

IV. Optik. Mit 44 Figuren. Sechste, umgearbeitete und vermehrte Auflage. 148 Seiten. 1930. (Sammlung Göschen Bd. 374) . Geb. RM. 1.80

V. Wärmestrahlung, Elektronik und Atomphysik. Mit 16 Figuren. Sechste, umgearbeitete und vermehrte Auflage. Ca. 132 Seiten. 1930. (Sammlung Göschen Bd. 1017) . . . . Geb. RM. 1.80

Eine Anleitung für Studenten, auf der sich das Studium größerer Werke aufbauen kann.

Methoden der praktischen Analysis. Von Dr. Fr. A. Willers, o. Professor an der Bergakademie Freiberg (Sachsen). Mit 132 Figuren. Groß-Oktav. 344 Seiten. 1928. (Göschens Lehrbücherei Bd. 12.) RM. 20.—, geb. RM. 21.50

Das Buch befaßt sich mit dem Zahlenrechnen und seinen Hilfsmitteln, mit der Interpolation, mit der angenäherten Integration und Differentation, der praktischen Gleichungslehre, der Analyse empirischer Funktionen und der angenäherten Integration gewöhnlicher Differentialgleichungen.

Vektoranalysis in ihren Grundzügen und wichtigen physikalischen Anwendungen. Von Dr. phil. Arthur Haas, a. o. Professor an der Universität Wien. Mit 37 Abbildungen im Text. Zweite, verbesserte Auflage. Groß-Oktav. VI, 147 Seiten. 1929 . . . . RM. 5.—, geb. RM. 6.—

Eine gemeinverständliche Darstellung der Vektor- und Tensoranalysis. Zur Einführung fürs Hauptfach — zum Studium fürs Neben- und Grenzfach.

Vektoranalysis. Von Dr. Siegfried Valentiner, Professor für Physik an der Bergakademie Clausthal. Mit 16 Figuren. Vierte, umgearbeitete Auflage. 136 Seiten. 1929. (Sammlung Göschen Bd. 354) . . . . . Geb. RM. 1.80

Ein für Studium und Praxis mit Erfolg benutztes Hilfsmittel zur Lösung technischer Aufgaben.

Punkt- und Vektor-Rechnung. Von Dr. Alfred Lotze, Privatdozent für Mathematik an der Technischen Hochschule Stuttgart. Mit 7 Figuren. Groß-Oktav. 132 Seiten. 1929. (Göschens Lehrbücherei Bd. 13.) RM. 12.—, geb. RM. 13.—

Atomphysik. Von Dr. Hans Leßheim in Breslau. I. Band. Mit 36 Abbildungen. 134 Seiten. 1929. (Samml. Göschen Bd. 1009.) Geb. RM. 1.80

Atomtheorie. Von Dr. phil. Arthur Haas, Professor für Physik an der Universität in Wien. Mit 64 Figuren im Text und auf 4 Tafeln. Zweite, völlig umgearbeitete und wesentlich vermehrte Auflage. Groß-Oktav. VIII, 258 Seiten. 1929 . . . . RM. 10.—, geb. RM. 11.50

Inhalt: Elektronen, Atome und Lichtquanten. Die Grundlagen der Atommechanik. Die Spektren der Atome. Die Röntgenstrahlen. Die Atomkerne. Die Molekeln. Wechselwirkung zwischen Licht und Materie.

Die Welt der Atome. Zehn gemeinverständliche Vorträge. Von Arthur Haas, Dr. phil., a. o. Professor für Physik an der Universität Wien. Mit 37 Figuren im Text und auf 3 Tafeln. Oktav. XII, 130 Seiten. 1926. RM. 4.80, geb. RM. 6.—

Materie und Elektrizität. Die Bausteine der Atome. Die Quanten des Lichtes. Spektren und Energiestufen. Das Wasserstoffatom. Die Grundstoffe. Das Atom als Planetensystem. Die Molekeln. Die Radioaktivität. Die Umwandlungen der Grundstoffe.

Künstliche Verwandlung der Elemente (Zertrümmerung der Atome). Von Dr. Hans Pettersson in Göteborg (Schweden). Aus dem Schwedischen übersetzt von Elisabeth Kirsch. Mit 59 Figuren im Text. Groß-Oktav. VIII, 151 Seiten. 1929 . . . . RM. 8.—, geb. RM. 9.—

Die Grundlagen der Physik. Synthetische Prinzipien der mathematischen Naturphilosophie. Von Dr. Hugo Dingler, a. o. Professor an der Universität München. Zweite Auflage. Oktav. XIV, 336 Seiten. 1923. RM. 4.—, geb. RM. 5.—

Aus dem Inhalt: Das Geltungsproblem. Das Zweckprinzip. Die Logik. Raum und Zeit. Kausalität. Die Mechanik.

Physik und Hypothese. Versuch einer induktiven Wissenschaftslehre nebst einer kritischen Analyse der Fundamente der Relativitätstheorie. Von Dr. Hugo Dingler, a. o. Professor an der Universität München. Oktav. XI, 200 Seiten. 1921 . . . . RM. 3.—, geb. RM. 4.—

Das Naturbild der neuen Physik. Von Dr. phil. Arthur Haas, a. o. Professor an der Universität Wien. Zweite Auflage. Mit 6 Figuren im Text. Oktav. V, 160 Seiten. 1924 . . . . RM. 5.—, geb. RM. 6.—

Elektromagnetische Theorie des Lichtes. Molekularstatistik, Elektronentheorie. Quantentheorie. Theorie der Grundstoffe. Relativitätstheorie. Physik der Sterne. Weltall.

Wörterbuch der Physik. Von Dr. Felix Auerbach, a. o. Professor an der Universität Jena. Mit 267 Figuren. Oktav. X, 466 Seiten. 1920. Geb. RM. 4.50

Ein unentbehrliches Nachschlagewerk für Wissenschaft und Praxis der Physiker, Chemiker, Mediziner und Techniker.

Experimentalphysik. Von Professor Robert Lang, Rektor des Realgymnasiums in Stuttgart.

I. Mechanik der festen, flüssigen und gasigen Körper. Dritte Auflage. Mit 125 Figuren im Text. 146 Seiten. 1927. (Sammlung Göschen Bd. 611) Geb. RM. 1.80

II. Wellenlehre und Akustik. Mit 69 Figuren im Text. Zweite Auflage. 96 Seiten. 1920. (Sammlung Göschen Bd. 612) . . . . . Geb. RM. 1.80

III. Wärmelehre. Mit 55 Figuren im Text. 98 Seiten. 1919. (Sammlung Göschen Bd. 613) . . . . Geb. RM. 1.80

IV. Optik. Mit vielen Figuren im Text. 110 Seiten. 1925. (Sammlung Göschen Bd. 614) . . . . Geb. RM. 1.80

Eine bewährte Einführung für Studierende.

Physikalische Formelsammlung. Von G. Mahler †, Professor der Mathematik und Physik am Gymnasium in Ulm. Fünfte, völlig umgearbeitete Auflage, besorgt von Prof. K. Mahler, Studienrat an der Oberrealschule Aalen in Württemberg. Mit 71 Figuren. 162 Seiten. 1927. (Sammlung Göschen Bd. 136) . . . . Geb. RM. 1.80

Das Buch gibt fertige Resultate und ermöglicht einen raschen Überblick über die Teilgebiete der Physik.

Physikalische Aufgabensammlung. Von G. Mahler †, Professor der Mathematik und Physik am Gymnasium in Ulm. Mit den Resultaten. Neubearbeitet von Prof. K. Mahler, Studienrat an der Oberrealschule Aalen. Vierte, verbesserte Auflage. 136 Seiten. 1930. (Sammlung Göschen Bd. 243) . . . . Geb. RM. 1.80

Zum Studium und Selbststudium für den Anfänger und zum Gebrauch in der Ingenieurpraxis.

Physikalische Tabellen. Von Dr. A. Leick. Zweite Auflage, neubearbeitet von Prof. Dr. W. Leick in Berlin-Lichterfelde. 96 Seiten. 1920. (Sammlung Göschen Bd. 650) . . . . Geb. RM. 1.80

Ein wertvolles Orientierungsmittel für ein rationelles Studium.

Physikalische Messungsmethoden. Von Professor Dr. Wilhelm Bahrdt in Berlin-Lichterfelde. Mit 54 Figuren. Zweite, verbesserte Auflage. Durchgesehener Neudruck. 147 Seiten. 1921. (Sammlung Göschen Bd. 301) Geb. RM. 1.80

Eine Anleitung zu Versuchen, die besonders bei Übungen wertvolle Dienste leisten wird.

Kristallographie. Von Dr. W. Bruhns, Professor an der Bergakademie Clausthal. Zweite Auflage, neubearbeitet von Dr. P. Ramdohr, o. Professor an der Technischen Hochschule Aachen. Mit 184 Abbildungen. 114 Seiten. 1926. (Sammlung Göschen Bd. 210) . . . . Geb. RM. 1.80

Das vor allem für Studierende der Naturwissenschaften bestimmte Buch hat in der Neuauflage eine grundlegende Umarbeitung erfahren und ist auf den gegenwärtigen Stand der kristallographischen Wissenschaft gebracht.

Einführung in die Kristalloptik. Von Dr. Eberhard Buchwald, Privatdozent der Physik an der Universität Breslau. Mit 124 Abbildungen. Neudruck. 124 Seiten. 1920. (Sammlung Göschen Bd. 619.) Geb. RM. 1.80

Der Band behandelt ein- und zweiachsige Kristalle ohne Drehvermögen und Kristalle mit Drehvermögen, Absorption, Einfluß von Temperatur usw. und eignet sich zur allgemeinen Orientierung für Studierende und Praktiker.

Die Physik der Verbrennungserscheinungen. Von Dr. Heinrich Mache, o. ö. Professor an der Technischen Hochschule in Wien. Mit 43 Abbildungen im Text und auf 2 Tafeln. Groß-Oktav. V, 133 Seiten. 1918. RM. 3.—, geb. RM. 3.80

Empfindliche Galvanometer für Gleich- und Wechselstrom. Von Dr. Otto Werner. Mit 23 Abbildungen und 17 Tabellen. Groß-Oktav. VIII, 208 Seiten. 1928 . . . . RM. 13.—, geb. RM. 14.—

Der Verfasser erörtert Aufbau, Arbeitsweise und Empfindlichkeitsarten der Galvanometerkonstruktionen sowohl für Gleich- als auch für Wechselstrom und gibt Gesichtspunkte für die Galvanometerauswahl und kritische Vergleiche der Galvanometertypen.

Vorlesungen über Thermodynamik. Von Dr. Max Planck, Professor der theoretischen Physik an der Universität Berlin. Mit 5 Figuren im Text. Neunte Auflage. 1930. Groß-Oktav. X, 288 Seiten . . . Geb. RM. 11.50

Das vorliegende Buch geht von einigen allgemeinen Erfahrungstatsachen aus, namentlich von den beiden Hauptsätzen der Wärmelehre, und entwickelt hieraus die wichtigsten physikalischen und chemischen Sätze. Zunächst werden die Grundtatsachen und Begriffserklärungen für Temperatur, Molgewicht und Wärmemenge erläutert, dann die beiden Hauptsätze der Wärmetheorie aufgestellt und bewiesen, endlich die Anwendungen auf die besonderen Gleichgewichtszustände ausführlich besprochen.

Die Grundgleichungen der Mechanik, dargestellt auf Grund der geschichtlichen Entwicklung. Vorlesungen zur Einführung in die theoretische Physik, gehalten im Sommersemester 1914 an der Universität Leipzig. Von Dr. phil. Arthur Haas, a. o. Professor an der Universität Wien. Mit 45 Abbildungen im Text. Groß-Oktav. VI, 216 Seiten. 1914 . . RM. 7.50

Zum Gebrauch bei Vorlesungen und zum Selbststudium für Anfänger.

Die Prinzipe der Dynamik. Von Dr. Clemens Schaefer, o. Professor an der Universität Marburg. Mit 6 Figuren im Text. Groß-Oktav. IV, 76 Seiten. 1919 . . . . RM. 2.50

„Das ausgezeichnete Werk behandelt in eingehender, elementarer Weise die Fragen der Ableitung und Äquivalenz der verschiedenen mechanischen Prinzipien.“ Monatshefte für Mathematik und Physik.

Geschichte der Physik. Von A. Kistner, Professor am Gymnasium zu Karlsruhe i. B.

I. Die Physik bis Newton. Mit 13 Figuren. Zweite, verbesserte Auflage. 126 Seiten. 1919. (Sammlung Göschen Bd. 293) . . . . Geb. RM. 1.80

II. Die Physik von Newton bis zur Gegenwart. Mit 3 Figuren. Zweite, erweiterte Auflage. 149 Seiten. 1919. (Sammlung Göschen Bd. 294) Geb. RM. 1.80

Wilhelm von Siemens. Ein Lebensbild. Gedenkblätter zum 75 jährigen Bestehen des Hauses Siemens & Halske. Von August Rotth. Mit 5 Tafeln in Lichtdruck. Oktav. V, 224 Seiten. 1922 . . RM. 2.60, geb. RM. 4.—

Die Biographie gibt zugleich ein Bild der Entwicklung der Siemenswerke und ein Stück Geschichte der deutschen Technik.

Einführung in die Elektrotechnik. Hochschulvorlesungen von Dr. C. Heinke, o. Professor der Elektrotechnik an der Technischen Hochschule München, Geh. Reg.-Rat. Zweite, neubearbeitete Auflage. Mit 560 Abbildungen. Oktav. 490 Seiten. 1924 . . . . Geb. RM. 18.—

Aus dem Inhalt: Die elektrotechnisch wichtigen Grunderscheinungen und elektromagnetischen Begriffe, Energiewandlungen mit Erzeugung elektrischer Spannungen. Die technische Erzeugung elektrischer Arbeit. Die technische Verwertung elektrischer Arbeit. Elektrische Meßgeräte.

Lehrbuch der Elektrotechnik. Von Professor E. Stöckhardt, Diplomingenieur und Studienrat. Dritte, umgearbeitete Auflage. Mit mehreren hundert Abbildungen. Oktav. VIII, 327 Seiten. 1925. . Geb. RM. 13.—

Einer Erläuterung der allgemeinen theoretischen Grundlagen folgt eine zusammenfassende Übersicht über Leitungen und Zubehör, Beleuchtung, Magnetismus, Gleichstromerzeuger, Sammler, Wechselstrom, Atomlehre, Quecksilberdampfgleichrichter, drahtlose Telegraphie und Telephonie.

Elektrische Stromerzeugungsmaschinen und Motoren. Kurzer Abriß ihres Aufbaues und ihrer Wirkungsweise. Leichtfaßlich dargestellt von Richard Vater, Geh. Bergrat, o. Professor an der Technischen Hochschule Berlin. Herausgegeben von Dr. Fritz Schmidt, Privatdozent an der Technischen Hochschule Berlin. Mit 116 Abbildungen im Text. Groß-Oktav. VIII, 128 Seiten. 1920 . . . . . RM. 3.—, geb. RM. 3.60

Eine gute Einführung in die technischen Grundlagen und die Wirkungsweise der Generatoren, Motoren und Transformatoren, unter Vermeidung mathematischer Ableitungen.

Die Kommutatormaschinen für einphasigen und mehrphasigen Wechselstrom. Von Dr.-Ing. e. h. M. Schenkel, Oberingenieur der Siemens-Schuckertwerke. Mit 124 Abbildungen. Oktav. VII, 259 Seiten. 1924.
RM. 10.50, geb. RM. 12.—

Der Verfasser, der seit Jahrzehnten an der Entwicklung der Kommutatormaschinen praktisch mitarbeitet, hat unter Berücksichtigung der modernsten Maschinentypen alles verstreute Material in diesem Lehrbuch zusammengefaßt.

Die Schwingung als Vortriebsfaktor in Natur und Technik. Gedanken eines Ingenieurs über das Problem der schwingenden Propulsion in Technik und Biologie. Von Hans Schramm. Mit 54 Abbildungen. Oktav. VI, 91 Seiten. 1927 . . . . RM. 4.—

Aus dem Inhalt: Die Schwingung in der Natur. Biochemische Kritik. Die Schwingung als Vortriebsfaktor im Wasser. Schwingungsleistungen der Fische. Die Schwingung im Luftmeer. Der Insektenflug. Der Vogelflug. Die Theorie der Vortriebsschwingung. Die phasenmäßige Entwicklung der Schwingung.

MATHEMATISCHE LITERATUR FÜR DEN PHYSIKER

Lehrbuch der Mathematik für Studierende der Naturwissenschaften und der Technik. Eine Einführung in die Differential- und Integralrechnung und in die analytische Geometrie. Von Dr. Georg Scheffers, Geh. Regierungsrat, Prof. a. d. Techn. Hochschule Charlottenburg. Mit 438 Figuren. Sechste, verbesserte Auflage. Lexikon-Oktav. VIII, 743 Seiten. 1925 . . . . RM. 30.—, geb. RM. 33.—

Dieses vor allem für Studierende der Naturwissenschaften und der Technik geschriebene Lehrbuch ist in erster Linie für den Selbstunterricht bestimmt und geht daher von dem denkbar geringsten Maß von Vorkenntnissen aus: der Leser braucht nur im Buchstabenrechnen, in der Auflösung von Gleichungen ersten Grades mit einer Unbekannten und in der niederen Geometrie bewandert zu sein.

Neue Rechentafeln. Für Multiplikation und Division mit allen ein- bis vierstelligen Zahlen. Herausgegeben von Professor Dr. J. Peters, Observator am Astronomischen Recheninstitut. Folio-Format. VI, 378 Seiten. 1909 . . . . Geb. RM. 20.—
Diese Rechentafeln von Peters sind ebenfalls in französischer wie englischer Ausgabe zu haben . . . . Geb. je RM. 20.—

Dr. A. L. Crelles Rechentafeln, welche alles Multiplizieren und Dividieren mit Zahlen unter Tausend ganz ersparen, bei größeren Zahlen aber die Rechnung erleichtern und sicherer machen. Neue Ausgabe. Besorgt von O. Seeliger. Mit Tafeln der Quadrat- und Kubikzahlen von 1—1000. VII, 501 Seiten. Folio. 1930 . . . . Geb. RM. 26.—

Diese Rechentafeln von Crelle liegen auch in französischer wie englischer Ausgabe vor . . . . Geb. je RM. 26.—

Fünfstellige Logarithmen. Mit mehreren graphischen Rechentafeln und häufig vorkommenden Zahlwerten. Von Regierungsrat Professor A. Adler. Zweite Aufl. 117 Seiten und 1 Tafel. 1929. (Samml. Göschen Bd. 423) Geb. RM. 1.80

Der Band enthält die gemeinen Logarithmen der ganzen Zahlen bis 1000, die der goniometrischen Funktionen, die wirklichen Werte dieser Funktionen und die Reihe von mathematischen, physikalischen und astronomischen Hilfstafeln, wie sie fünfstelligen Logarithmentafeln gewöhnlich beigegeben sind.

Fünfstellige Logarithmentafeln der trigonometrischen Funktionen für jede Zeitsekunde des Quadranten. Herausgegeben von Prof. Dr. J. Peters, Observator am Astronomischen Recheninstitut. Lexikon-Oktav. IV, 82 Seiten. 1912 . . . . Geb. RM. 7.—

In den vorliegenden Tafeln bietet der Herausgeber, unter Benutzung des wertvollen Materials, das ihm als Resultat der mit J. Bauschinger ausgeführten Bearbeitung der 8stelligen Tafeln der trigonometrischen Funktionen zur Verfügung stand, der rechnenden Astronomie ein Hilfsmittel von großem Nutzen.

Vollständige logarithmische und trigonometrische Tafeln. Von Professor Dr. E. F. August, weiland Direktor des Köllnischen Realgymnasiums, Berlin. Achtundvierzigste Auflage in der Bearbeitung von Dr. F. August, weiland Professor an der Artillerie- und Ingenieur-Schule, Berlin. Oktav. VII, 204 Seiten. 1927 . . . . Geb. RM. 2.—

„Die Anordnungen des Zahlenmaterials in den Tafeln, der klare Druck, handliches Format und gediegene Ausstattung empfehlen das Buch allein."

Allgemeine Vermessungs-Nachrichten.

Vierstellige Tafeln und Gegentafeln für logarithmisches und trigonometrisches Rechnen in zwei Farben zusammengestellt. Von Professor Dr. Hermann Schubert. Neue Ausgabe von Dr. Robert Haussner, o. ö. Professor an der Universität Jena. 175 Seiten. Neudruck 1926. (Samml. Göschen Bd. 81) . . . . Geb. RM. 1.80

„Die vierstelligen Logarithmen sind in der Form recht handlich und gefällig. Besonders zu empfehlen sind die Tafeln für Schulen, wo es von Vorteil ist, die Lernenden nicht mit umfangreichen Büchern zu belasten."

Zeitschrift d. Österr. Ingenieur- und Architekten-Vereins.

Vierstellige Logarithmentafeln. Von Dr. Max Zacharias, Studienrat am Vereinigten Friedrichs- und Humboldt-Gymnasium in Berlin, und Dr. Paul Meth, Studienrat an der Herderschule in Charlottenburg. Groß-Oktav. 44 Seiten. 1927 . . . . Geb. RM. 1.50

„Diese Logarithmentafel zeichnet sich durch übersichtliche Anordnung und Reichtum des Gebotenen aus." *Deutsche Schulzeitung in Polen.*

Logarithmische Rechentafeln für Chemiker, Pharmazeuten, Mediziner und Physiker. Gegründet von Professor Dr. F. W. Küster †. Für den Gebrauch im Unterrichtslaboratorium und in der Praxis berechnet und mit Erläuterungen versehen. Nach dem gegenwärtigen Stande der Forschung bearbeitet von Dr. A. Thiel, o. ö. Professor der physikalischen Chemie, Direktor des Physik.-Chem. Instituts der Universität Marburg.

Fünfunddreißigste bis vierzigste, verbesserte und vermehrte Auflage. Oktav. 188 Seiten und eine Tafel. 1929 . . . . Geb. RM. 7.50

„Die wohl allseitig bekannten Küsterschen Rechentafeln sind dem Chemiker, der sich ihrer einmal bedient hat, zum ungern entbehrten Werkzeug geworden, das sich in seiner bewährten Anordnung des Stoffes zu einem wirklich nützlichen und fast notwendigen Hilfsbuch entwickelt hat. Die Neuauflage erscheint wie üblich nach dem neuesten Stande der Forschung."
Zeitschrift für angewandte Chemie.

Fünfstellige Tafeln der Kreis- und Hyperbelfunktionen sowie der Funktionen e^x und e^{-x} mit den natürlichen Zahlen als Argument. Von Dr.-Ing. Keiichi Hayashi, Professor an der Kaiserlichen Kyushu-Universität Fukuoka-Hakosaki, Japan. Oktav. IV, 182 Seiten. Neudruck 1928 . . . . RM. 9.—

„Der bekannte japanische Verfasser hat aus der Notwendigkeit, die Werte beider Funktionsarten gleichzeitig zur Verfügung zu haben, Tafeln berechnet, in denen nicht nur die Hyperbelfunktionen, sondern auch die Kreisfunktionen mit verschieden großen Abstufungen, auf fünf Dezimalstellen angewendet sind. Die Anordnung dieser Tafeln ist äußerst praktisch, Druck und Papier sind ausgezeichnet, so daß die Benutzung sich bequem und einfach gestaltet. Für alle, die zahlenmäßige Rechnungen mit den genannten Funktionen häufiger auszuführen haben, ist der Gebrauch der Tafeln als praktisch und zeitsparend zu empfehlen." *Zeitschrift des Vereins Deutscher Ingenieure.*

Tafeln der Funktionen Cosinus und Sinus mit den natürlichen sowohl reellen als rein imaginären Zahlen als Argument. (Kreis- und Hyperbelfunktionen.) Von Dr. Carl Burrau. Vorwort in deutscher, französischer und englischer Sprache. Oktav. XX, 63 Seiten. 1907 . Geb. RM. 4.—

Mathematische Formelsammlung. Von Professor O. Th. Bürklen †. Vollständig umgearbeitete Neuausgabe von Dr. F. Ringleb. Mit 36 Figuren. 241 Seiten. 1928. (Sammlung Göschen Bd. 51) . . . . Geb. RM. 1.80

„Eine sehr geschickt ausgewählte und recht reichhaltige Sammlung, welche wohlgeeignet ist, die Abiturienten der Gymnasien und Oberrealschulen bei den Repetitionen zu unterstützen und ihnen einen klaren Überblick über das ganze System der Elementarmathematik zu geben." *Fortschritte der Mathematik.*

Höhere Algebra. Von Dr. Helmut Hasse, o. ö. Professor der Mathematik an der Universität Halle.

I: Lineare Gleichungen. 160 Seiten. 1926. (Samml. Göschen Bd. 931) Geb. RM. 1.80

II: Gleichungen höheren Grades. 160 Seiten. 1927. (Samml. Göschen Bd. 932) . . . . Geb. RM. 1.80

„Es ist dem Verfasser gelungen, in engstem Rahmen das Gebäude der ‚allgemeinen' Algebra vor den Augen des Lesers aufzurichten, einer Algebra, die auf dem Fundament der Definitionen der Ringe, Körper und Integritätsbereiche aufgebaut ist." *Zeitschrift für mathem. und naturw. Unterr.*

Algebra I: Die Grundlagen. Von Dr. Oskar Perron, o. ö. Professor an der Universität München. Mit 4 Figuren. VIII, 307 Seiten. 1927. (Göschens Lehrbücherei Bd. 8) . . . . RM. 10.—, geb. RM. 11.50

Algebra II: Theorie der algebraischen Gleichungen. Von Dr. Oskar Perron, o. ö. Professor an der Universität München. Mit 5 Figuren. VIII, 243 S. 1927. (Göschens Lehrbücherei Bd. 9.) RM. 8.—, geb. RM. 9.50

Band I enthält die Grundbegriffe, es folgt ein Kapitel über den polynomischen und den Taylorschen Satz und der für den Ingenieur wichtige Abschnitt über Determinanten. Anschließend folgen Kapitel über symmetrische Funktionen, Teilbarkeit und über die Existenz von Wurzeln. Band II ist der Gleichungstheorie gewidmet.

Praxis der Gleichungen. Von Dr. C. Runge, Professor an der Universität Göttingen. Zweite, verbesserte Auflage. Mit 8 Figuren. V, 172 Seiten. 1921. (Göschens Lehrbücherei Bd. 2) . . . . RM. 6.—, geb. RM. 7.—

Eine erschöpfende Darstellung der Verfahren zur numerischen Auswertung der linearen und nichtlinearen Gleichungen mit einer und mehreren Unbekannten. Dient das Werk auch in erster Linie den Bedürfnissen des praktischen Rechnens, so findet doch auch der Lehrer viele wertvolle Anregungen darin.

Einführung in die Determinantentheorie einschließlich der Fredholmschen Determinanten. Von Dr. Gerhard Kowalewski, o. Professor an der Technischen Hochschule in Dresden. Zweite, verb. Aufl. Gr.-Okt. IV, 304 Seiten. 1925 . . . . RM. 14.—, geb. RM. 15.50

„Die Kowalewskische Darstellung des umfangreichen Gebietes zeichnet sich durch die anschauliche Kraft und Klarheit der Sprache vor anderen aus. Die Beschäftigung mit diesem Buche gewährt neben dem wissenschaftlichen Gewinn einen reichen ästhetischen Genuß." *Schulwart.*

Lehrbuch der Analysis. Von Professor Edouard Goursat. I. Band. Nach der zweiten Auflage des französischen Originals übersetzt von Felix James Schwarz. Mit Begleitwort von Dr. Gerhard Kowalewski, o. ö. Professor an der Technischen Hochschule Dresden. Mit 53 Figuren. Groß-Oktav. XII, 592 Seiten. 1914 . . . . RM. 12.—, geb. RM. 13.50

Höhere Analysis. Von Dr. Fr. Junker, Rektor des Realgymnasiums und der Oberrealschule in Göppingen (Württemberg). Erster Teil: Differentialrechnung. Mit 167 Übungsbeispielen und 67 Figuren im Text. Dritte, verbesserte Auflage. Neudruck. 204 Seiten. 1929. (Samml. Göschen Bd. 87) . . . . Geb. RM. 1.80

Zweiter Teil: Integralrechnung. Mit 50 Figuren im Text. Vierte, verbesserte Auflage. Neudruck. 132 Seiten. 1929. (Samml. Göschen Bd. 88) Geb. RM. 1.80

„Die Bändchen sind eine wahre Hochschule des abstrakten Denkens, und das Werk genießt in Fachkreisen mit Recht das höchste Ansehen."
Magazin für Pädagogik.

Repetitorium und Aufgabensammlung zur Differentialrechnung. Von Rektor Dr. Fr. Junker. Vierte, verbesserte Auflage von Oberstudienrat Professor Dr. A. Witting. Mit 47 Figuren im Text. 130 Seiten. 1928. (Samml. Göschen Bd. 146) . . . . Geb. RM. 1.80

Der Band, der sich als vorzügliches Mittel zur Einübung der elementaren Sätze und Formeln der Differentialrechnung bewährt hat, erfuhr bei seiner Neuauflage eine bedeutende Verbesserung und Erweiterung.

Repetitorium und Aufgabensammlung zur Integralrechnung. Von Rektor Dr. Fr. Junker. Mit 52 Figuren im Text. Dritte, verbesserte Auflage. Neudruck. 135 Seiten. 1929. (Samml. Göschen Bd. 147) Geb. RM. 1.80

„Die reichhaltige Aufgabensammlung ist für den Selbstunterricht sehr geeignet. Das nützliche Büchlein wird weiterhin die verdiente große Verwendung finden."
Schweizer Pädagogische Zeitschrift.

Elementare Reihenlehre. Von Dr. Hans Falckenberg, Professor an der Universität Gießen. Mit 4 Figuren im Text. 136 Seiten. 1926. (Samml. Göschen Bd. 943) . . . . Geb. RM. 1.80

Das Bändchen will mehr bieten als das, was in jedem Lehrbuch der Infinitesimalrechnung über unendliche Reihen enthalten ist, und fügt deshalb z. B. der Erörterung über das Cauchysche Divergenz- und Konvergenzkriterium auch solche über das Raabesche, das logarithmische und das Gaußsche an.

Zweiter Teil: Anwendungen und Weiterführung der allgemeinen Theorie. Mit 7 Figuren. Zweite, vollständig neubearbeitete Auflage. Durchgesehener Neudruck. 138 S. 1926. (Samml. Göschen Bd. 703). Geb. RM. 1.80

„Die beiden vollständig neubearbeiteten Bände seien allen Studierenden der Mathematik als Muster klarer und strenger Darstellung aufs wärmste empfohlen."
Monatsschrift für Mathematik und Physik.

Aufgabensammlung zur Funktionentheorie. Von Dr. Konrad Knopp, o. Professor an der Universität Tübingen.

Erster Teil: Aufgaben zur elementaren Funktionentheorie. 136 Seiten. 1923. (Samml. Göschen Bd. 877) . . . . Geb. RM. 1.80

Zweiter Teil: Aufgaben zur höheren Funktionentheorie. 143 Seiten. 1928. (Samml. Göschen Bd. 878) . . . . Geb. RM. 1.80

Die Mehrzahl der in den beiden Bänden enthaltenen Aufgaben beziehen sich auf Knopps „Funktionentheorie" (Samml. Göschen Bd. 668 und 703). Sämtlichen Aufgaben sind die Lösungen beigegeben.

Elliptische Funktionen. Von Dr. R. König, o. Professor der Mathematik an der Universität Jena, und Dr. M. Krafft, a. o. Professor an der Universität Marburg i. H. Mit 4 Figuren. 263 Seiten. 1928. (Göschens Lehrbücherei Bd. 11) . . . . RM. 13.—, geb. RM. 14.50

Das Buch will den Studierenden und Fachmann die elliptischen Funktionen als Glied eines großen Organismus verstehen lehren, der mit den einfachsten analytischen Funktionen, den rationalen, beginnt und schließlich zu den Riemannschen Funktionensystemen emporwächst.

Potentialtheorie. Von Dr. W. Sternberg, a. o. Professor in Breslau.

I. Die Elemente der Potentialtheorie. Mit 5 Figuren. 136 Seiten. 1925. (Samml. Göschen Bd. 901) . . . . Geb. RM. 1.80

II. Die Randwertaufgaben der Potentialtheorie. Mit 1 Figur. 133 Seiten. 1926. (Samml. Göschen Bd. 944) . . . . Geb. RM. 1.80

„Die Bände geben einen klaren Einblick in die Gedankengänge und Beweismethoden der Potentialtheorie. Da es dem Verfasser gelungen ist, trotz der räumlichen Enge alle erforderlichen Beweise exakt durchzuführen, ist das Werk als Hilfsbuch neben einer Vorlesung durchaus zu empfehlen."
Zeitschrift für den mathem. u. naturw. Unterricht.

Theorie des Potentials und der Kugelfunktionen. Von Professor Dr. A. Wangerin in Halle a. d. S.

I. Teil: Mit 46 Figuren. VIII, 255 Seiten. Unveränderter Neudruck. 1922. (Samml. Schubert Bd. 58) . . . . Geb. RM. 4.—

II. Teil: Mit 17 Figuren. VIII, 286 Seiten. 1921. (Samml. Schubert Bd. 59.) Geb. RM. 4.—

„Wer in die Potentialtheorie eindringen will, findet in dem leichtverständlichen Buch einen zuverlässigen und angenehmen Führer."
Zeitschrift f. d. mathem. u. naturwiss. Unterricht.

Numerische Integration. Von Professor Dr. Fr. A. Willers. Mit 2 Figuren. 116 Seiten. 1923. (Samml. Göschen Bd. 864) . . . . . Geb. RM. 1.80

Die Darstellung ist sehr übersichtlich und so elementar als möglich gehalten. Sie setzt nur die Kenntnisse der Grundgesetze der Differential- und Integralrechnung voraus und wendet sich an Mathematiker, Physiker und vor allem an Ingenieure, für die das Buch eine gute Anleitung und Einführung ist.

Wahrscheinlichkeitsrechnung. Von Dr. Otto Knopf, o. Professor der Astronomie an der Universität Jena. I. 112 Seiten. 1923. II. Mit 10 Figuren. 112 Seiten. 1923. (Samml. Göschen Bd. 508 und 871.) Geb. je RM. 1.80

Eine knappe, klare Darstellung der Wahrscheinlichkeitsrechnung, deren Wert für die mathematischen Grundlagen des Versicherungswesens, für die statistische Mechanik und neuerdings auch für das Fernsprechwesen auf der Hand liegt.

Graphische Darstellung in Wissenschaft und Technik. Von Professor Dr. Marcello Pirani, Privatdozent an der Technischen Hochschule in Charlottenburg. Mit 58 Figuren. Neudruck. 126 Seiten. 1922. (Samml. Göschen Bd. 728) . . . . Geb. RM. 1.80

Von der einfachen Darstellung von Größen mit unbekanntem Zusammenhang in Form von Kurven oder Skalen ausgehend, geht der Verfasser zur Darstellung von Größen bekannter Abhängigkeit (Funktionsskalen, insbesondere logarithmische projektive Teilung) über und bespricht dann die Aufstellung von Rechentafeln namentlich mit der Methode der fluchtrechten Punkte oder mit Hilfe mehrerer gekreuzter Linien.

Graphische Statik mit besonderer Berücksichtigung der Einflußlinien. Von Dipl.-Ing. Otto Henkel, Bauingenieur und Studienrat an der Baugewerkschule in Erfurt. 2 Teile. (Samml. Göschen Bd. 603 u. 695). Geb. je RM. 1.80

Vorlesungen über graphische Statik. Von Dr. Fr. Schur, o. Professor an der Technischen Hochschule in Breslau. Herausgegeben unter Mitwirkung von Wolfgang Vogt. Mit zahlreichen Figuren im Text. Groß-Oktav. VIII, 219 Seiten. 1915 . . . . RM. 7.—, geb. RM. 8.20

Statik. Von Professor Dipl.-Ing. W. Hauber in Stuttgart.

I. Teil: Die Grundlehren der Statik starrer Körper. Mit 82 Figuren. Sechster Neudruck. 148 S. 1921. (Samml. Göschen Bd. 178) Geb. RM. 1.80

II. Teil: Angewandte (techn.) Statik. Mit 61 Figuren. Sechster Neudruck. 149 Seiten. 1922. (Samml. Göschen Bd. 179) . . . . . Geb. RM. 1.80

Kinematik. Von Dr.-Ing. Hans Polster, Betriebsingenieur der Badischen Anilin- und Sodafabrik Merseburg-Leuna. Mit 76 Abbildungen. Zweite Auflage. 151 Seiten. 1920. (Samml. Göschen Bd. 584.) Geb. RM. 1.80

Der Band bietet dem Studierenden eine Einführung, will aber darüber hinaus den in der Praxis stehenden Ingenieuren, die sich in die schwierigen Bewegungsverhältnisse von Nocken-, Schwingdaumen- und Wälzhebelsteuerungen oder von anderen Gebieten tieferen Einblick verschaffen wollen, ein bequemer Führer sein.

Ballistik. Von Dr. Theodor Vahlen, o. ö. Professor der reinen und angewandten Mathematik an der Universität Greifswald. Mit 53 Abbildungen. Groß-Oktav. XII, 231 Seiten. 1922 . . . . . RM. 9.—, geb. RM. 10.—

Im Gegensatz zu anderen Werken über Ballistik bringt dieses neue Buch gerade den mathematischen Gehalt der Ballistik zur Darstellung. Es gewinnt dadurch noch erhöhte Bedeutung, daß es seine Entstehung den praktischen Erfahrungen verdankt, die der Verfasser im Kriege machte. U. a. weist es als neu die zwischen innerer und äußerer Ballistik einzuschaltende Übergangsballistik und als Ballistik in großen Höhen die kosmische Ballistik auf.

Band III (Schlußband und Register). Erscheint in etwa 8 Lieferungen zu je RM. 4.—.

Festigkeitslehre. Von Professor Dipl.-Ing. W. Hauber in Stuttgart. Mit 56 Figuren und 1 Tafel. Achter Neudruck. 127 Seiten und 1 Tafel. 1923. (Samml. Göschen Bd. 288) . . . . Geb. RM. 1.80

In dem Band gibt der Verfasser eine kurze Übersicht über die Fundamentalsätze der elastischen Kräfte in ihrer Anwendung auf die einfacheren Fälle der Festigkeit, soweit sie für die gewöhnlichen Aufgaben des praktischen Lebens in Frage kommen.

Aufgabensammlung zur Festigkeitslehre mit Lösungen. Von R. Haren. Dritte, vollständig neubearbeitete Auflage von Josef Furtmayr, Dipl.-Ing. in Stuttgart. Mit 43 Figuren. 116 Seiten. 1923. (Samml. Göschen Bd. 491) . . . . Geb. RM. 1.80

Hydraulik. Von Professor Dipl.-Ing. W. Hauber in Stuttgart. Zweite, verbesserte und vermehrte Auflage. Neudruck. Mit 45 Figuren. 156 Seiten. 1925. (Samml. Göschen Bd. 397) . . . . . . Geb. RM. 1.80

Das Buch enthält eine Darstellung der Hydrostatik und bringt aus der Hydrodynamik: Ausfluß des Wassers aus Gefäßen; Überfall des Wassers über Wehre; Die Bewegung des Wassers in Flüssen und Kanälen; Die Bewegung des Wassers in Röhren mit konstantem Querschnitt; Stoß eines zylindrischen oder prismatischen Wasserstrahls auf eine Zylinderfläche.

Elastizitätslehre für Ingenieure. Von Professor Dr.-Ing. Max Ensslin an der Höheren Maschinenbauschule Eßlingen. 2 Bde. (Samml. Göschen Bd. 519 und 957) . . . . Geb. je RM. 1.80

Band I bespricht die Grundlagen der Elastizitätslehre sowie Allgemeines über Spannungszustände, Zylinder, ebene Platten, Torsion und gekrümmte Träger. Band II gibt eine Einführung in die Methoden zur Berechnung der statisch unbestimmten Konstruktion des Bau und Maschineningenieurs.

Etymologisches Wörterbuch der Naturwissenschaften und Medizin. Sprachliche Erklärung der wichtigeren Ausdrücke und Namen der Anatomie, Astronomie, Biologie, Botanik, Chemie, Geographie, Geologie, Medizin, Mineralogie, Naturphilosophie, Paläontologie, Physik, Psychologie und Zoologie. Von Dr. C. W. Schmidt. Oktav. VII, 138 Seiten. 1923. Geb. RM. 2.—

Das Büchlein wendet sich in erster Linie an Nichthumanisten, wird aber auch von Studierenden mit griechischer und lateinischer Vorbildung mit Vorteil gebraucht.

Auf Wunsch kostenlose Zusendung unserer

FACHKATALOGE UND SONDERVERZEICHNISSE

Mathematik und verwandte Wissenschaften / Naturwissenschaften und Medizin / Zoologie und Botanik Geologie und Mineralogie / Erdkunde / Rechts- und Staatswissenschaften u. a.

VERLAG VON WALTER DE GRUYTER & CO.
IN BERLIN W 10 UND LEIPZIG

Röderdruck Leipzig.